Fertigung und Betrieb
Fachbücher für Praxis und Studium
Herausgeber: H. Determann und W. Malmberg
Band 4

Riebensahm · Schmidt

Prüfung metallischer Werkstoffe

Neu bearbeitet von P. Schmidt

Springer-Verlag Berlin Heidelberg GmbH 1974

Herausgeber der Reihe:
Dr.-Ing. Hermann Determann, Hamburg
Dipl.-Ing. Werner Malmberg, Hamburg

Autor dieses Bandes:
Dr. P. Schmidt, Ottobrunn

Mit 155 Bildern

Neubearbeitung des in sechs Auflagen erschienenen früheren „Werkstatt-
buches" 34, Riebensahm/Schmidt: Werkstoffprüfung – Metalle.

ISBN 978-3-540-06380-3   ISBN 978-3-642-61928-1 (eBook)
DOI 10.1007/978-3-642-61928-1

Library of Congress Catalog Card
Number: 73-19550

Zur Einführung der neuen Fachbuchreihe

In den letzten beiden Jahrzehnten hat sich die Fertigungstechnik schnell und vielseitig weiterentwickelt. Moderne Fertigungsverfahren haben entscheidend dazu beigetragen, daß selbst hochwertige Wirtschaftsgüter kostengünstig hergestellt werden können und damit für breite Käuferschichten erreichbar sind.

In dem Maße, wie Maschinen, Werkzeuge und Vorrichtungen zu leistungsfähigeren und vielfältig einsetzbaren Bausteinen innerhalb umfangreicher und anpassungsfähiger Produktionssysteme für wechselnde Losgrößen entwickelt wurden, haben die Werkstätten im klassischen Sinne ihre frühere Bedeutung in der industriellen Fertigung verloren. Damit standen Herausgeber und Verlag der Buchreihe, die ursprünglich den Werkstätten und ihrem Personal gewidmet war, vor der Notwendigkeit einer Anpassung an die heutige Entwicklung.

Die Fachbücher „Fertigung und Betrieb" führen die bis 1973 erschienenen „Werkstattbücher" in neuer, moderner Konzeption fort. Die Schwerpunkte der neuen Reihe werden sich an den gewandelten Bedürfnissen in Beruf und Studium orientieren. Die Darstellungen sind kurzgefaßt, ohne große Vorkenntnisse verständlich und betont praxisnah. Sie enthalten auch stets Hinweise für ein vertiefendes Weiterstudium. Im einzelnen bringt „Fertigung und Betrieb" aktuelle Veröffentlichungen über Grundlagen, wissenschaftliche Erkenntnisse und praktische Erfahrungen aus den Gebieten Fertigungsverfahren, Betriebsorganisation, Produktionstechnik, Werkzeugmaschinen, Steuerungen und Regelungen, Werkzeuge, Werkstoffe, Messen und Prüfen.

Hamburg, Januar 1974   **H. Determann · W. Malmberg**

Zu diesem Band

Das vorliegende Buch unterscheidet sich von seinem Vorgänger nicht allein in der äußeren Erscheinungsform. Die schnell fortschreitende technische Entwicklung in den vergangenen Jahren hat es erforderlich gemacht, auch den Inhalt kritisch zu überprüfen und den neueren Erkenntnissen und Methoden den gebührenden Platz einzuräumen.

Die Zielsetzung des Buches, die Grundlagen der Werkstoffprüfung in knapper Form darzustellen, blieb unverändert. Zu den modernen Verfahren der zerstörungsfreien Werkstoffprüfung gehören heute auch die Holographie oder die Schallemisionsanalyse, deren Entwicklung noch im Anfang steht und von denen man noch nicht genau weiß, welche Rolle sie einmal spielen werden. Es wird vor allem daran deutlich, wie man auf der allgemeinen Suche nach immer wirksameren Werkstoffprüfverfahren auch solche Methoden aufgreift, die ursprünglich für ganz andere Zwecke entwickelt wurden, und wie man zunehmend versucht, über bisher meist „uninteressante" physikalische Werkstoffkennwerte Aussagen über den Zustand des betreffenden Werkstoffs bzw. Bauteils zu erhalten.

Gegenüber früher wurden auch die Ausführungen über die Gefügeuntersuchung und schwingende Dauerbeanspruchungen ergänzt. Neu hinzugekommen sind einige Bemerkungen zum Zähigkeitsbegriff der modernen Bruchmechanik. Konsequent angewendet werden die gesetzlich vorgeschriebenen Maßeinheiten des Internationalen Einheitensystems.

Zum Abschluß sei noch des hervorragenden Fachmanns und Lehrers gedacht, auf dessen Initiative hin dieses Buch, dessen Vorläufer eine so weite Verbreitung gefunden haben, entstanden ist. Herr Prof. Dr.-Ing. Paul Riebensahm verstarb am 21. März 1971.

Ottobrunn, Januar 1974   **P. Schmidt**

Inhaltsverzeichnis

Übersicht

Für die Beurteilung der Baustoffe und der aus ihnen hergestellten Bauteile sind im allgemeinen die mechanischen Eigenschaften von ausschlaggebender Bedeutung. Ihre Untersuchung steht daher auf dem Gebiet der Werkstoffprüfung im Vordergrund. Von den in Tabelle 1 angegebenen vier weiteren Prüfarten ist keine von geringerer Bedeutung, da erst die Summe *aller* irgendwie feststellbaren und prüfbaren Werkstoffeigenschaften und -kennzeichnungen ein erschöpfendes Bild der Verwertbarkeit und Ausnutzbarkeit eines Werkstoffs ergibt. Vielfach sind diese jedoch nicht unbedingt notwendig.

Deshalb gelten die Ausführungen in diesem Buch in erster Linie der mechanischen Werkstoffprüfung einschließlich der technologischen Prüfungen. Die metallographische und röntgenographische Untersuchung haben sich zu Sonderwissenschaften entwickelt, die ebenso vollständig zu behandeln hier nicht möglich ist. Die zerstörungsfreie Werkstoffprüfung hat eine eingehendere Behandlung erfahren; sie ermöglicht die Überwachung lebenswichtiger Maschinenteile in der Fertigung und im Betrieb, befindet sich aber noch in lebhafter Entwicklung. Die physikalischen und chemischen Untersuchungen sind nicht Gegenstand dieses Buches.

Tabelle 1

	Prüfart	Ergebnis oder Erkenntnis
1.	**Mechanische Prüfungen**	
	Festigkeitsprüfungen	Wissenschaftliche Zahlenwerte
	Härte- und Verschleißprüfungen	Vergleichswerte, Gebrauchseignung
	Technologische Prüfungen	Gebrauchseignung
2.	**Gefügeuntersuchung**	
2.1.	Metallographische Untersuchung	Bild des kristallinen Gefügeaufbaus
		Aufschluß über vorangegangene Beanspruchung oder Behandlung
		Vergleichswerte für mechanische Festigkeit und Gebrauchseignung
2.2.	Röntgenographische Untersuchung	atomarer Kristallaufbau und seine Veränderungen
3.	**Zerstörungsfreie Werkstoffprüfung**	
	Spannungsmessung	Spannungen im Werkstück
	Magnetische Prüfung	Werkstoffarten und -zustände
	Mechanische Fehlerermittlung	Risse
	Magnetische Fehlerermittlung	Risse, Lunker u. a. m.
	Akustische Fehlerermittlung	Risse, Dopplungen, Schmiedefalten u. a. m.
	Durchstrahlung	Risse, Lunker u. a. m.
4.	**Physikalische Untersuchungen**	
	Elektrizität	
	Wärme	Entsprechende physikalische
	Licht	Eigenschaften
	Schall	
	Spektralanalyse	Art und Menge der Zusammensetzung
5.	**Chemische Untersuchungen**	
	Analyse	Art und Menge der Zusammensetzung
	Widerstandsfähigkeit gegen Korrosion	Gebrauchseignung

1. Prüfung der mechanischen Festigkeitseigenschaften

Die einem Werkstück zugemuteten Beanspruchungen lassen sich grundsätzlich einteilen in ruhende, schlagartige und schwingende. Bei ruhender Beanspruchung wird der Werkstoff von einer gleichbleibenden Last auf Zug, Druck, Biegung, Verdrehung oder Schub beansprucht. Sie kann über kürzere oder längere Zeitdauer einwirken (Minuten, Tage usw.). Bei schlag- oder stoßartiger Beanspruchung tritt die Belastung plötzlich kurzzeitig auf. Bei schwingender Beanspruchung ist das Wesentliche eine sich ständig wiederholende Veränderung der Last in Größe und meist auch in Angriffsrichtung, und zwar in mehr oder weniger kleinen Zeitintervallen. Auch die schlag- oder stoßartigen Beanspruchungen sowie die schwingenden Dauerbeanspruchungen können mit Zug-, Druck-, Biegungs- und Verdrehungswirkung auftreten oder in beliebigen Kombinationen dieser Kräfte.

Um Ergebnisse zu erhalten, die bei wiederholten oder unabhängig voneinander vorgenommenen Untersuchungen als gleichwertig einander gegenübergestellt werden können, d. h. Anspruch auf Gültigkeit unabhängig von Zeit und Ort haben und so als wissenschaftliche Prüfungen gelten können, werden die grundlegenden Festigkeitsuntersuchungen so vorgenommen, daß an besonderen Probekörpern nur mechanisch einfache Beanspruchungen ausgeübt werden, z. B. nur reiner Zug, reiner Druck. Biegungs- und Verdrehungsbeanspruchungen sind zusammengesetzter Art und können den gekennzeichneten Bedingungen nur innerhalb bestimmter Grenzen genügen. Für Untersuchungen, die im angegebenen Sinne gültig und miteinander vergleichbar sein sollen, sind einheitliche Versuchsbedingungen durch DIN-Normen festgelegt.

Außerhalb des Kreises dieser als wissenschaftliche bezeichneten Untersuchungen liegen die technologischen Prüfungen, bei denen Werkstoffproben auf ihre Verarbeitungseigenschaften und ganze Werkstücke auf ihre Widerstandsfähigkeit und Sicherheit gegen die in ihrer späteren Verwendung auftretenden zusammengesetzten, im allgemeinen nicht einzeln kontrollierbaren Beanspruchungen geprüft werden.

1.1. Ruhende Beanspruchungen

1.1.1. Zugversuch. Aus folgenden Gründen ist der Zugversuch, durch
den die *Zugfestigkeit* des Werkstoffs ermittelt wird, das wichtigste und
international anerkannte Prüfverfahren:
— er ergibt wissenschaftliche Zahlenwerte (Kennziffern), die als Be-
rechnungsgrundlagen gültig sind;
— es gilt das Ähnlichkeitsgesetz, d. h. man kann die an irgendeinem Probenquerschnitt ermittelten Kennziffern auf jeden beliebigen Querschnitt
einer zu berechnenden Konstruktion übertragen;
— aus seinen Kennziffern sind aufgrund langjähriger Erprobungen zahlreiche Beziehungen entstanden, aus denen auf die Verarbeitungsmög-
lichkeit und andere Eigenschaften des Werkstoffs geschlossen werden
kann.

Normen[1] für den Zugversuch an metallischen Werkstoffen:

DIN 1602 Festigkeitsversuche: Begriffe,
DIN 1605 Bl. 1. Werkstoffprüfung: Allgemeines und Abnahme,
DIN 51220 Werkstoffprüfmaschinen,
DIN 51221 Zugprüfmaschinen,
DIN 50145 Zugversuch: Begriffe, Zeichen,
DIN 50146 Zugversuch ohne Feindehnungsmessung,
DIN 50143 Elastizitätsgrenze,
DIN 50144 0,2-Grenze,
DIN 50112 Streckgrenze bei höheren Temperaturen (Warmstreckgrenze),
DIN 50107 Spiegelfeinmeßgerät von Martens,
DIN 50125 Zugproben: Richtlinien für die Herstellung,
DIN 50108 Grauguß: Probennahme für den Zug- und Biegeversuch,
DIN 50109 Grauguß: Zugversuch,
DIN 50149 Temperguß: Zugversuch,
DIN 50148 Zugprobe für Druckguß,
DIN 50114 Zugversuch an dünnen Blechen,
DIN 50120 Stahl: Zugversuch an schmelzgeschweißten Stumpfnähten,
DIN 50123 Nichteisenmetalle: Zugversuch an schmelzgeschweißten Stumpf-
          nähten,
DIN 51201 Prüfung von Drahtseilen.

Beim Zugversuch wird ein Probestab aus dem zu prüfenden Werk-
stoff reiner statischer Zugbeanspruchung unterworfen, wobei sich der
Stab unter der Einwirkung steigender Zugkräfte ständig längt, bis er
bei einer bestimmten, dem Werkstoff und dessen Zustand eigentümlichen
Belastung reißt.
Die Belastung der Querschnittseinheit des Probestabes wird als

---

[1] In diesem Buch sind nach Möglichkeit alle einschlägigen DIN-Normen genannt
und berücksichtigt worden. Maßgebend ist jeweils die neueste Ausgabe des betreffenden Normblattes, das vom Beuth-Vertrieb GmbH, Berlin 30 oder Köln, zu
beziehen ist.

Spannung σ bezeichnet und im allgemeinen in N/mm² angegeben[1]. Die Verlängerung wird auf die Meßlänge des Probestabes bezogen und als *Dehnung* ε bezeichnet.

Es ist somit

$$\sigma = \frac{P}{F}, \qquad \varepsilon = \frac{\Delta L}{L_0} \cdot 100\%,$$

Wenn P die Ziehkraft, F den Stabquerschnitt und L_0 die Meßlänge darstellen.

Die Beziehungen zwischen den Spannungs- und Dehnungswerten eines Werkstoffs werden in dem Spannungs-Dehnungs-Schaubild (Zerreißschaubild) (Bild 1) dargestellt. Die charakteristischen Werte für Spannungen und Dehnungen werden als Kennziffern bezeichnet.

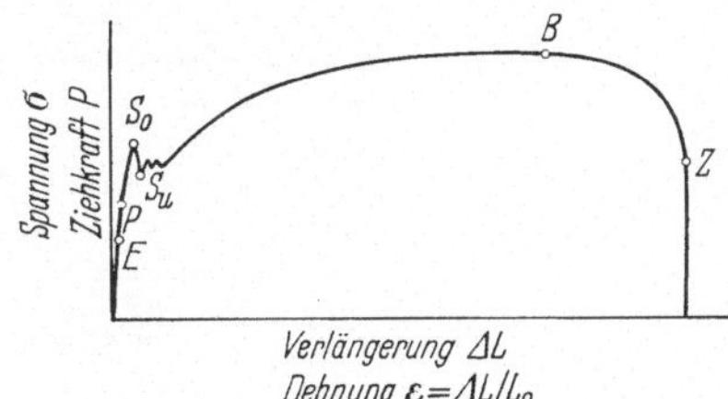

Bild 1. Kraft-Verlängerungs-Diagramm bzw. Spannungs-Dehnungs-Schaubild eines weichen Stahls

Das Zerreißschaubild ist bei verschiedenen Metallen sehr unterschiedlich. Bei weichem Stahl (Bild 1) längt sich der Werkstoff anfangs bei steigender Belastung nur wenig. Die Dehnungszunahme ist zunächst der Spannungszunahme mit sehr guter Näherung proportional, d. h. die Schaubildlinie ist im ersten Verlauf eine Gerade mit steilem Anstieg (Hookesche Gerade). Bei dem Punkt P des Schaubildes ist die Grenze der proportionalen Änderung von Spannung und Dehnung, die *Proportionalitätsgrenze*, erreicht. Innerhalb dieses Gebietes ist die Dehnung bis zu einer bestimmten Spannungsgrenze, der *Elastizitätsgrenze E*, rein elastisch, d. h. wenn man die Last wegnimmt, geht die Dehnung auf Null zurück.

Mit der Dehnung ε des Stabes ist eine Querzusammenziehung ε_q verbunden. Diese beträgt das μ-fache der Dehnung, d. h.

$$\varepsilon_q = \mu\,\varepsilon$$

(μ ist die Poissonsche Konstante, für Metalle etwa 0,3).

Bei weiterer Steigerung der Belastung nimmt die Dehnung schneller zu, die gerade Linie wird zur Kurve. Beim Punkt S dieser Kurve ist die *Streckgrenze* (vgl. Fußnote, S. 8) erreicht, eine Spannung, bei der der Werkstoff zu „fließen" beginnt, d. h. bei dieser Beanspruchung dehnt sich der Stab, ohne daß die Belastung steigt, ja sie kann sogar mehr oder

---

[1] Bei Angaben der mechanischen Spannung und der Festigkeit, die bisher in kp/mm² gemacht wurden, gilt als Umrechnung: 1 kp/mm² ≙ 9,807 N/mm² ≈ 10 N/mm².

weniger stark abfallen. Den geringsten Spannungswert, bei dem solch
ein Fließen noch stattfindet, nennt man die „untere" Streckgrenze σ_{Su},
während die höhere Spannung, bei der es einsetzte, die „obere" Streckgrenze σ_{So} ist[1]. Das Vermögen des Werkstoffs, ohne Spannungssteige-
rung zu fließen, ist nach einer gewissen Fließdehnung erschöpft, so daß
die Belastung wieder gesteigert werden muß.

Bei der Belastung in Punkt B ist die vom Stabe tragbare Höchstlast
erreicht. Bis zu dieser Belastung hat sich der Stab unter einer gleich-
mäßigen Abnahme des Stabquerschnittes gedehnt (Bild 2); die Dehnung

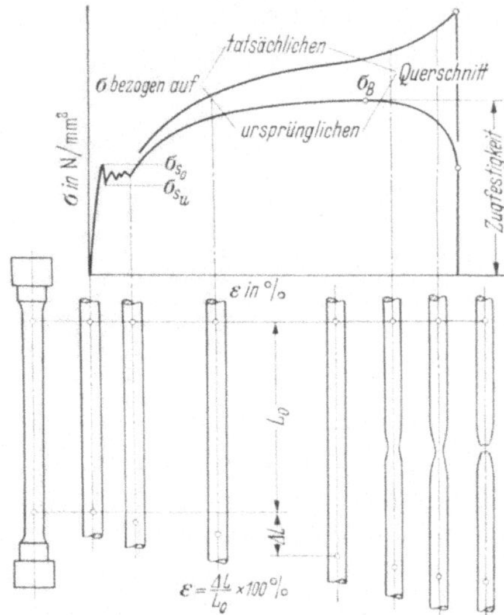

Bild 2. Zerreißschaubild und Stabformänderungen

war bis Punkt $B(\sigma_B)$ eine *Gleichmaßdehnung*. Bei der Höchstlast tritt
nun bei gut dehnbaren Werkstoffen an der späteren Bruchstelle des
Stabes eine Einschnürung ein, und der Stab erfährt infolge dieser ört-
lichen Querschnittsschwächung trotz absinkender Last eine stärkere
Längung unter weiter zunehmender Einschnürung der schwächsten
Stelle. Die Dehnung ist in diesem Teil des Schaubildes (Bild 2 rechts) die
Einschnürdehnung (Bild 3).

Der Anstieg der Spannungs-Dehnungs-Kurve nach Überschreiten der
Streckgrenze beruht auf einer sogenannten Kaltverfestigung, die durch
die Reckung des Werkstoffes hervorgerufen wird.

Wichtige Begriffe beim Zugversuch. In dem Zerreißschaubild sind die
Belastungen des Stabes über der jeweiligen Verlängerung einer Meßstrecke L_0 aufgezeichnet. Aus den Ziehkraftwerten ergeben sich, wie

---

[1] Beanspruchungsarten werden mit kleinen, Festigkeitskennwerte mit großen
Buchstaben als Indizes gekennzeichnet.

6

oben gezeigt, die Spannungswerte durch Beziehung auf den *ursprüng-lichen* Stabquerschnitt: $\sigma = P/F_0$. Da der Querschnitt sich mit beginnender Stablängung dauernd verringert, geben diese Spannungswerte nicht die wirklichen Spannungen wieder; diese sind höher. Bild 2 zeigt auch die auf den tatsächlichen jeweiligen Querschnitt bezogene Spannungskurve. Diese ist für die Werkstoffprüfung ohne praktische Bedeutung.

Der der Höchstlast entsprechende Spannungswert des Schaubildes ist die Zugfestigkeit σ_B. Die Zugfestigkeit ist *nicht* die Spannung im

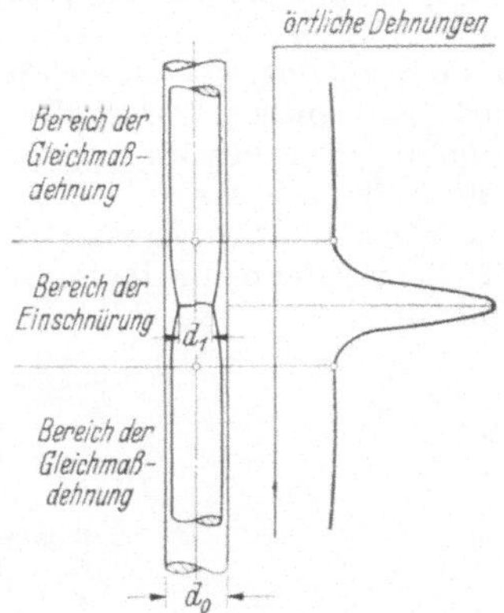

Bild 3. Gleichmaß- und Einschnürdehnung

Augenblick des Bruches, das ist vielmehr die Zerreißspannung, diese aber ist für die Werkstoffprüfung bedeutungslos.

Die bleibende Dehnung, die der Stab nach dem Bruch aufweist, ist die *Bruchdehnung*

$$\delta = \frac{L - L_0}{L_0} \cdot 100\% \, .$$

Sie entspricht etwa der im Spannungs-Dehnungs-Schaubild ablesbaren Dehnung im Augenblick des Bruches (vgl. S. 22).

Aus dem Durchmesser d_1 der Bruchstelle (Bild 3) ergibt sich die *Brucheinschnürung* ψ aus

$$\psi = \frac{F_0 - F_1}{F_0} \cdot 100\% \, , \qquad F_1 = \frac{d_1^2 \pi}{4} \, .$$

Die Zugfestigkeit σ_B und die Bruchdehnung δ sind die beiden Hauptkennziffern. Weitere Kennziffern σ und ε sind den charakteristischen Punkten des Zerreißschaubildes zugeordnet.

Die beim Zugversuch ermittelten Spannungskennziffern erhalten den Index z, z. B. σ_{zB} = Bruchfestigkeit bei Zugbeanspruchung (Zugfestigkeit). Wenn kein Irrtum möglich ist, kann man den Index z weglassen.

Die dem Schaubild zu entnehmenden Kennziffern sind im folgenden nochmals mit kurzen Begriffsbestimmungen angeführt:

σ_{zP} (Proportionalitätsgrenze) ist die Spannung, bis zu der die Spannungen den Dehnungen proportional sind; d. h. daß bis zu diesem Punkt die Spannungskurve geradlinig verläuft (Punkt P in Bild 1). Die σ_{zP}-Grenze wird in der Werkstoffprüfung nicht mehr als Kennziffer ermittelt.

σ_{zE} (Elastizitätsgrenze) ist die Spannung, bis zu der nur elastische Dehnungen auftreten (Punkt E in Bild 1). Da die Ermittlung der ersten auftretenden geringen bleibenden Verformungen von der Genauigkeit der Feindehnungsmessung abhängt, ist in der Werkstoffprüfung vereinbart worden, als „technische Elastizitätsgrenze" diejenige Spannung anzusehen, bei der im Feinmeßversuch eine bleibende Dehnung von 0,01% bzw. 0,005% festgestellt wird ($\sigma_{0,01}$, $\sigma_{0,005}$; vgl. S. 19: „Dehnungsmessungen").

σ_{zS} (Streckgrenze)[1] ist die Spannung, bei der sich der Probestab ohne weitere Laststeigerung stark dehnt. Bei manchen Werkstoffen bildet sich eine obere und untere Streckgrenze aus; im allgemeinen wird wegen der einfacheren Ermittlung die obere Streckgrenze festgestellt (Bild 4).

$\sigma_{0,2}$ (0,2-(Dehn-)Grenze). Wenn die Streckgrenze nicht scharf ausgeprägt ist, tritt an ihre Stelle die 0,2-(Dehn-)Grenze als die Spannung, bei der die bleibende Dehnung 0,2% beträgt (Bild 5).

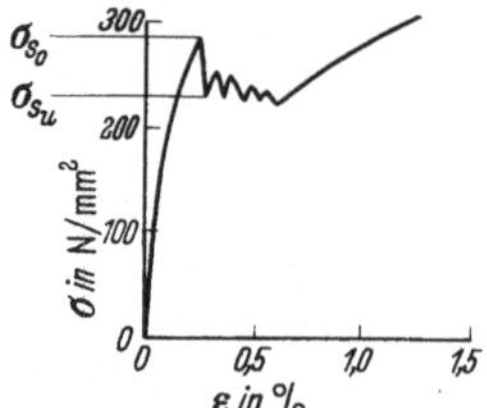

Bild 4. Obere und untere Streckgrenze

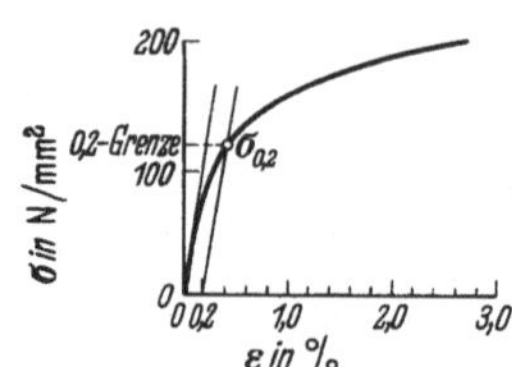

Bild 5. 0,2-(Dehn-)Grenze

σ_{zB} (Zugfestigkeit) ist die höchste von der Probe ausgehaltene Spannung (bezogen auf den ursprünglichen Querschnitt).

δ (Bruchdehnung) ist die am zerrissenen Stab gemessene bleibende Dehnung. Am kurzen Proportionalstab bezeichnet man sie mit δ_5, am langen mit δ_{10} (vgl. S. 14).

ψ (Brucheinschnürung) ist die prozentuale Querschnittsverminderung an der Bruchstelle, bezogen auf den ursprünglichen Querschnitt des Probestabes (Bild 3).

Im allgemeinen wird ein Werkstoff hinreichend gekennzeichnet durch Zugfestigkeit σ_{zB}, Streckgrenze σ_{zS} und Bruchdehnung δ. Über diese und die weiter oben angeführten Kennziffern hinaus gibt auch der Verlauf der Spannungs-Dehnungs-Kurve ein charakteristisches Bild der Eigenschaften eines Werkstoffes, und zwar nicht nur hinsichtlich seines Verhaltens im fertigen Konstruktionsteil, sondern auch hinsicht-

---

[1] Eine Fußnote in DIN 50145 lautet: Für „Streckgrenze" ist im Schrifttum auch oft die Bezeichnung „Fließgrenze σ_F" zu finden. Dieser Begriff soll nur als Oberbegriff für alle ähnlichen Erscheinungen bei verschiedenartiger Beanspruchung gewählt werden, also als Oberbegriff für Streckgrenze (Zug), Quetschgrenze (Druck), Biegegrenze (Biegung) usw.

lich seiner Verarbeitungseigenschaften. Dabei sind noch die folgenden Begriffe von Bedeutung:

Der Elastizitätsmodul E ist das Verhältnis σ/ε im elastischen Gebiet.

Die Dehnzahl α ist der Kehrwert ε/σ.

Das Streckgrenzenverhältnis φ ist das Verhältnis σ_{zS}/σ_{zB}.

Das Arbeitsvermögen ist der Inhalt der Fläche unter der Kurve des Zerreiß-schaubildes (unter Berücksichtigung des Maßstabes). Es entspricht der Arbeit, die für die Querschnittseinheit aufzuwenden war, um den Stab zu zerreißen.

Der Völligkeitsgrad ist das Verhältnis zwischen der Fläche des Zerreißschaubildes und dem Inhalt des Koordinatenrechteckes σ_B und δ, innerhalb dessen die Schaubildfläche liegt.

Im folgenden sind einige Zerreißschaubilder verschiedenartiger Werkstoffe wiedergegeben. Bei Stählen (Bild 6 und 8) ist mit größerer Zug-

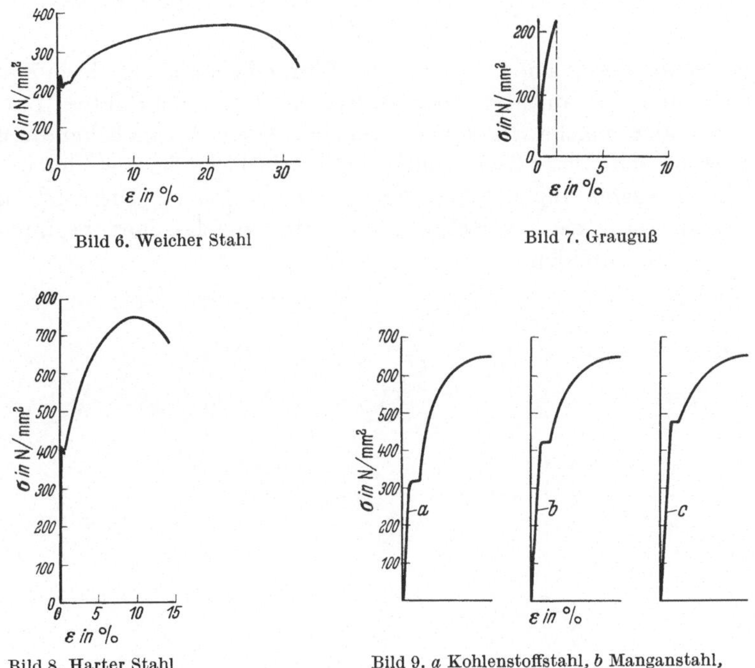

Bild 6. Weicher Stahl

Bild 7. Grauguß

Bild 8. Harter Stahl

Bild 9. a Kohlenstoffstahl, b Manganstahl, c Chromnickelstahl

festigkeit eine geringere Bruchdehnung verbunden. Die Streckgrenze ist bei Stählen meist scharf ausgeprägt, jedoch weniger bei solchen mit hoher als bei solchen mit geringer Festigkeit. Grauguß (Bild 7) zeigt ein Ansteigen der Spannung bis zum Bruch ohne ausgeprägte Streckgrenze und ohne Einschnürung vor dem Bruch. Nichteisenmetalle (z. B. Kupfer, Bild 10) haben in der Regel keine ausgeprägte Streckgrenze, aber zum Teil bei starker Gesamtdehnung eine sehr große Einschnürung; die Streckgrenze wird bei ihnen nach Bild 5 bestimmt (0,2-Grenze).

Ein Metall, das *keine* Verfestigung bei der Dehnung zeigt, ist Zink (Bild 11).

Den Einfluß von Legierungszusätzen erkennt man aus Bild 9. Bei Stahl wird durch solche Zusätze die Streckgrenze im Verhältnis zur Zugfestigkeit heraufgesetzt, selbst wenn diese nicht gesteigert wird.

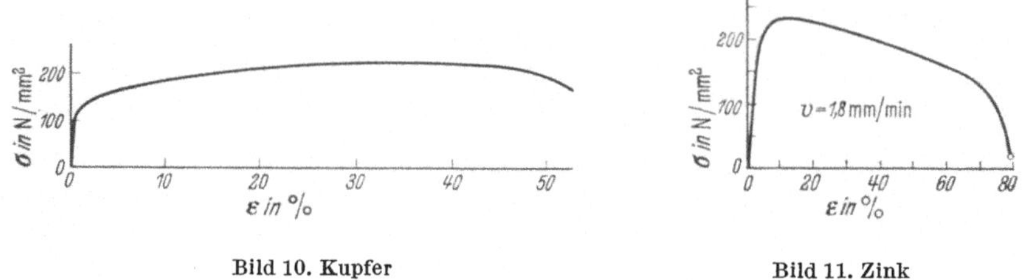

Bild 10. Kupfer   Bild 11. Zink

Mechanische Verformung oder eine Wärmebehandlung beeinflussen ebenfalls den Verlauf des Spannungs-Dehnungs-Schaubildes. Bild 12 zeigt, daß der gleiche Stahl nach verschiedenen Wärmebehandlungen sehr verschiedene Zerreißschaubilder ergibt; insbesondere ist eine unterschiedliche Ausbildung der Streckgrenze zu erkennen. Diese ist beim gehärteten Stahl ganz verschwunden, beim angelassenen beginnt sie sich wieder auszubilden.

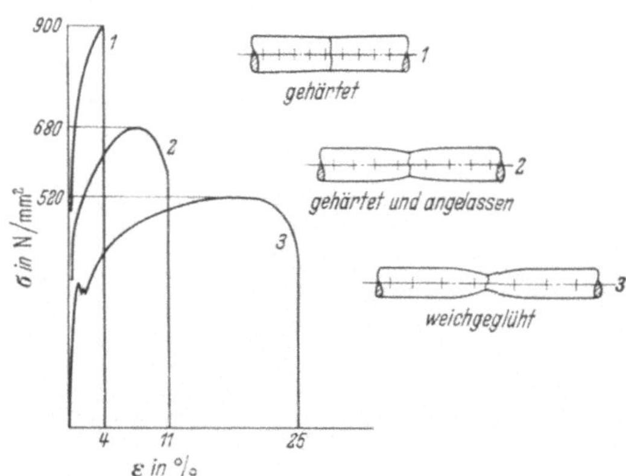

Bild 12. Stahl gehärtet, angelassen und weichgeglüht

Versuchsgeschwindigkeit. Bei allen Metallen ist das Verhalten bei Zugbeanspruchung abhängig von der Geschwindigkeit, mit der die Belastung gesteigert wird. Bei schnell durchgeführtem Zerreißen ergeben sich höhere Zugfestigkeits- und kleinere Bruchdehnungswerte als bei langsamem Zerreißen (Bild 13).

10

Diese Unterschiede sind bei Stahlprüfungen insofern von Bedeutung, als eine Beeinflussung nur der oberen Streckgrenze zu beobachten ist; es wird deshalb besser stets die untere Streckgrenze σ_{zSu} anzusetzen sein. Um aber vergleichbare Ergebnisse zu erhalten, sollen Stähle mit hoher Dehnbarkeit nicht schneller als in 5, besser in 10 bis 20 min zerrissen werden, und bei der Bestimmung der Streckgrenze soll die Belastungsgeschwindigkeit im elastischen Gebiet 10 N/mm² je Sekunde nicht überschreiten.

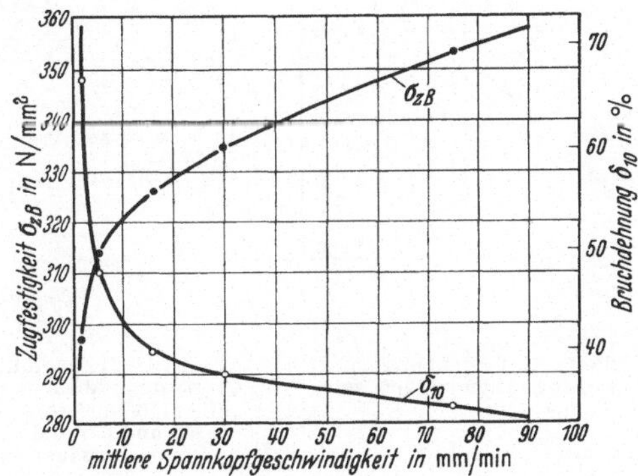

Bild 13. Abhängigkeit von σ_{zB} und δ_{10} von der Zerreißgeschwindigkeit bei Stahl

Von erheblichem Einfluß auf die Festigkeits- und Dehnungswerte ist die Zerreißgeschwindigkeit bei Zink (Bild 14) und auch bei Mg-Legierungen. Es gelten daher hierfür besondere Vorschriften (s. Normen); für **Zink** soll die Einspannkopfgeschwindigkeit 30 mm/min betragen (bei 20 °C).

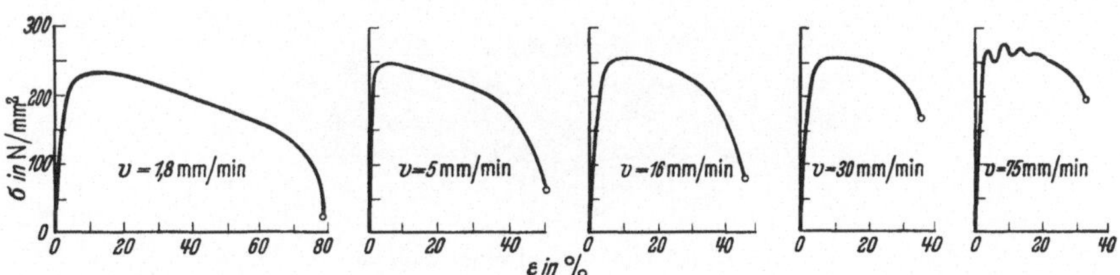

Bild 14. Zerreißschaubilder von Zink bei verschiedenen Versuchsgeschwindigkeiten

Versuchstemperatur. Die Temperatur, bei der der Zugversuch durchgeführt wird, ist von erheblichem Einfluß auf alle Kennziffern. Sie wirkt sich bei Stählen (Bild 15) besonders auf die Streckgrenze ungünstig aus, die bei zunächst ansteigendem σ_B sofort absinkt. Scheint demnach Stahl bei Temperaturen um 200 bis 300 °C höher belastbar als bei Zim-

mertemperatur, so ist wegen des gesunkenen σ_S und δ das Gegenteil
der Fall. Bei anderen Werkstoffen ist eine viel größere Temperatur-
empfindlichkeit vorhanden, so daß z. B. bei Zink und seinen Legierungen schon zwischen 20 und 50 °C erhebliche Festigkeitsunterschiede auftreten (Bild 16). Bei solchen Werkstoffen ist mit den Kennziffern stets

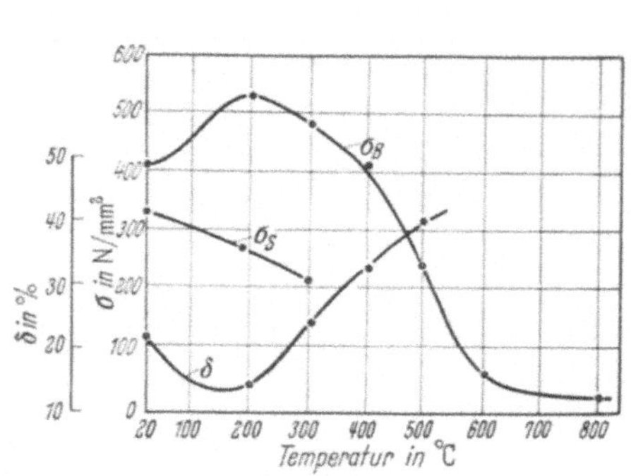

Bild 15. Zugfestigkeit, Bruchdehnung und
Streckgrenze von Stahl in Abhängigkeit von
der Temperatur

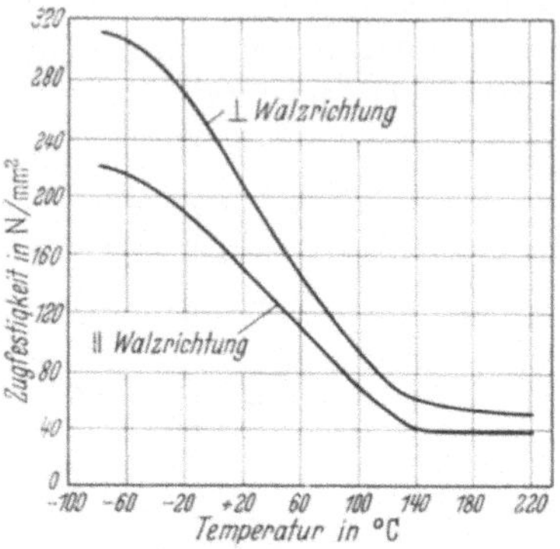

Bild 16. Abhängigkeit der Zugfestigkeit
von der Versuchstemperatur bei Blech
einer bleihaltigen Zinklegierung, senkrecht und parallel zur Walzrichtung (nach
O. Bauer und I. Weerts)

die Versuchstemperatur mit anzugeben bzw. eine solche in den entsprechenden Normen vorgeschrieben; für Zink ist beispielsweise eine Versuchstemperatur von 20 ± 2 °C festgelegt.

Äußere Erscheinungen am Probestab. An den Versuchsstäben sind
während des Zerreißversuches gewisse äußere Erscheinungen zu beobachten, wie z. B. die sogenannten Fließfiguren und die charakteristischen
Formen der Bruchflächen.

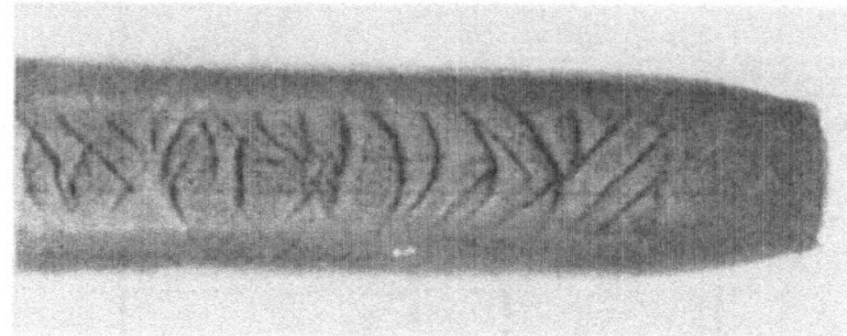

Bild 17. Fließfiguren auf einer Zugprobe

Die *Fließfiguren*, auch Lüdersche oder Hartmannsche Linien genannt,
erscheinen beim Eintreten des Fließens auf polierten Probestäben als
dunkle, breite Linien (Bild 17). Sie verlaufen, sich gegenseitig schnei-
dend, unter 45° bis 60° gegen die Stabachse geneigt; ihre Zahl nimmt
mit der Längung des Stabes zu. Diese Erscheinung führt bei verrosteten
oder verzunderten Werkstücken dazu, daß der Belag entsprechend den
Fließfiguren abspringt, sobald das Stück so hoch beansprucht wird, daß

12

ein Fließen eintritt. Man kann hieran erkennen, ob ein Werkstück über die Streckgrenze beansprucht worden ist.

Die *Bruchformen* sind in ihrer Ausbildung kennzeichnend für die Eigenschaften des Werkstoffs. Der ideale Bruch eines Probestabes ergibt drei Teile gemäß Bild 18a. Die beiden Stabteile ziehen sich mit zwei kegelstumpfartigen Bruchenden aus einem dazwischen verbleibenden Ring heraus. Praktisch bleibt der Ring entweder so, wie Bild 18b

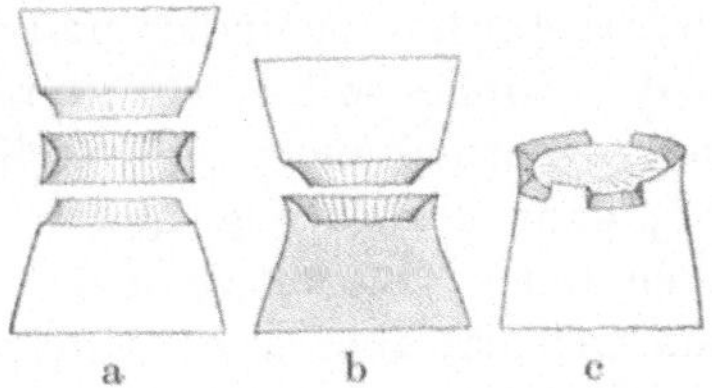

Bild 18a—c. Bruchformen des Probestabes

zeigt, an dem einen Kegelstumpf haften, oder es verbleiben, wie in Bild 18c, Teile des Ringes auf dem einen Kegelstumpf, andere auf dem anderen.

Die Form des Bruches und auch die der Einschnürung bieten einen Anhalt für die Beurteilung der Verformungseigenschaften des Werkstoffs. Es geht dies auch aus Bild 12 hervor, in dem neben den Zerreißschaubildern die Bruchstellen dargestellt sind. Die Bruchfläche eines zähen Stahls zeigt einen großen Trichterrand und eine große Einschnürung, während ein spröder Stahl ohne Einschnürung und ohne Trichterrand zerreißt. Weiter ist das Aussehen der Bruchfläche im Trichtergrund oder am Kegelstumpf kennzeichnend, ob grob- oder feinkörnig, gleichmäßig oder unregelmäßig.

Probestabformen. Der Zugversuch wird an Probestäben vorgenommen, die bestimmte Formen und Abmessungen haben müssen, wenn die Ergebnisse wissenschaftliche, d. h. zahlenmäßig vergleichbare sein sollen.

Der Probestab besteht aus der Meßlänge und den beiden Einspannenden. Die Abmessungen der ersteren und die Form der letzteren sind für die Vergleichbarkeit der Ergebnisse von Bedeutung.

a) Die *Meßlänge* L_0 muß bei Werkstoffen, die eine Einschnürung zeigen, in einem bestimmten Verhältnis zum Querschnitt stehen. Maßgebend ist bei der Rundprobe der Durchmesser d_0, bei Proben mit anderem Querschnitt der Durchmesser des dem Querschnitt flächengleichen Kreises, $d_0 = 1{,}13 \sqrt{F_0}$. Bei den normengemäßen kurzen Proportionalstäben beträgt die Meßlänge $5 \cdot d_0$, bei den langen Proportionalstäben $10 \cdot d_0$. Lange Proportionalstäbe sollten wegen des hohen Materialaufwandes nicht mehr verwendet werden. Bei nichteinschnürenden Werkstoffen kann die Meßlänge beliebig sein, sie muß aber, falls die Dehnung ermittelt werden soll, groß genug sein, um die Verlängerung ΔL mit hinreichender Genauigkeit messen zu können. Wenn eine Dehnungsmessung nicht erforderlich ist, kann die Meßlänge bei spröden Werkstoffen klein sein.

b) Der *Übergang* vom zylindrischen Teil des Stabes (Versuchslänge $L_v = L_0 + d_0$) zu den Einspannenden soll allmählich durch möglichst große Ausrundung erfolgen. Durch übergangslose Stoffhäufung an den Stabenden würde die Bewegung der anschließenden Stoffteile, wenn sie bei der Längung verlagert werden, behindert und dadurch die Dehnung der Teile in der Nähe des Kopfes verkleinert, würden infolgedessen also die Dehnungswerte und eventuell auch die Festigkeitswerte beeinflußt.

c) Der *Querschnitt* F_0 kann kreisförmig, quadratisch oder rechteckig, in Ausnahmefällen auch anders geformt sein, z. B. bei Profilen, Rohren und dergleichen; dann weichen aber unter Umständen die Ergebnisse von den normalen Werten des Werkstoffs ab.

Die Bilder 19 bis 23 zeigen die in DIN 50125 genormten Probestabformen (kurze Proportionalstäbe) für den Zugversuch. Darüber hinaus gibt es für die Prüfung von dünnen Blechen, von Grauguß, Temperguß, Druckguß und von Schmelzschweißnähten Sonderstabformen, die in den entsprechenden Normblättern (s. S. 4) angegeben sind.

Abweichungen vom Proportionalstab sind bei der Beurteilung von Zerreißergebnissen zu beachten und bei den Festigkeitsangaben in Prüfberichten zu vermerken.

Stets ist bei der Bruchdehnung die Meßlänge mit anzugeben, die — wie gesagt — das Dehnungsergebnis beeinflußt: Man fügt die Zahl des Verhältnisses von Meßlänge zu Durchmesser zu dem Zeichen δ hinzu, also δ_{10} oder δ_5. Der Unterschied in den Dehnungswerten kurzer und langer Stäbe geht aus Tabelle 2 hervor.

Tabelle 2

σ_{zB} N/mm²	δ_5 %	δ_{10} %
340···420	30	25
600···700	17	14

Bei härteren Stählen, die geringere Einschnürung und deshalb an der Bruchstelle keine so stark über der Gleichmaßdehnung liegende Dehnung besitzen, ist der Einfluß der Stablänge geringer. Näherungsweise kann man (nach Moser) δ_5 aus δ_{10} errechnen gemäß

$$\delta_5 = 1,2\, \delta_{10}.$$

Diese Erscheinungen sind besonders bei der Beurteilung ausländischer Versuchswerte zu beachten, die meist mit abweichenden Stabformen gewonnen sind.

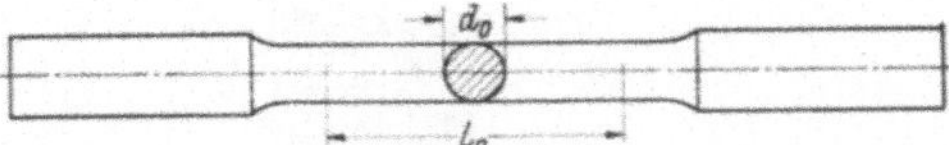

Bild 19. Zugprobe A: Rundprobe mit glatten Zylinder-
köpfen. L_0 = Meßlänge = 5. d_0; d_0 = 6, 8, 10, 12, 14,
16, 18, 20, 25 mm

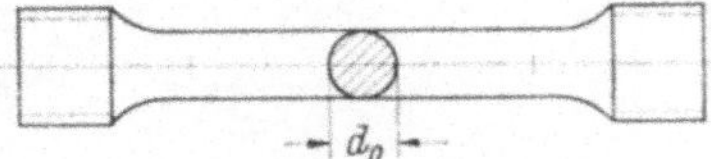

Bild 20. Zugprobe B: Rundprobe mit
Gewindeköpfen

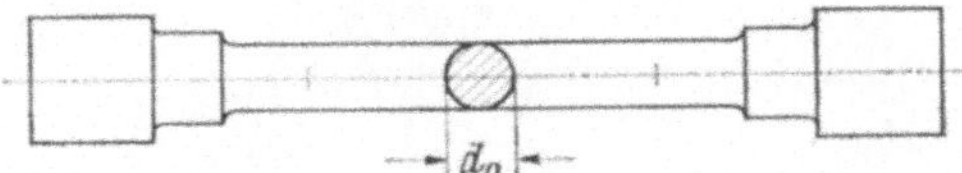

Bild 21. Zugprobe C: Rundprobe mit Schulterköpfen

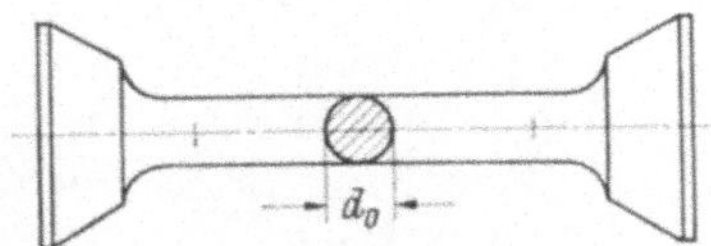

Bild 22. Zugprobe D: Rundprobe mit
Kegelköpfen

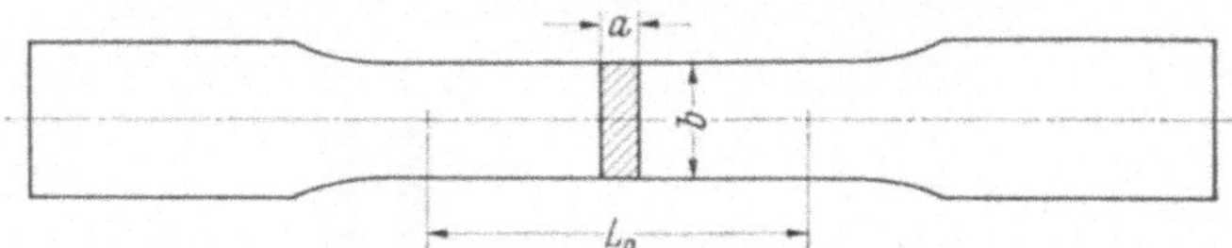

Bild 23. Zugprobe E: Flachprobe mit Köpfen für Beißkeile, $L_0 = 5{,}65 \sqrt{F_0}$

a	5	5	6	7	8	10	10	12	15	18
b	10	16	20	22	25	25	31	26	30	30
L_0	40	50	60	70	80	90	100	100	120	130

Bilder 19—23. Kurze Proportionalstäbe DIN 50125

Prüfmaschinen und -einrichtungen. Eine Prüfmaschine besteht aus
dem Gestell, dem Krafterzeuger und dem Kraftmesser (Bild 24 und 25).
Die Kraft kann entweder hydraulisch oder mechanisch durch Motor
erzeugt werden. Bei der hydraulischen Krafterzeugung wird die Last
zeitlich gleichmäßig gesteigert, während bei der mechanischen gewöhnlich eine gleichmäßige Dehnung bewirkt wird und infolgedessen anfangs
eine sehr schnelle Steigerung der Spannung entsteht. Wo es auf eine
genaue Einhaltung der Dehngeschwindigkeit ankommt, ist eine

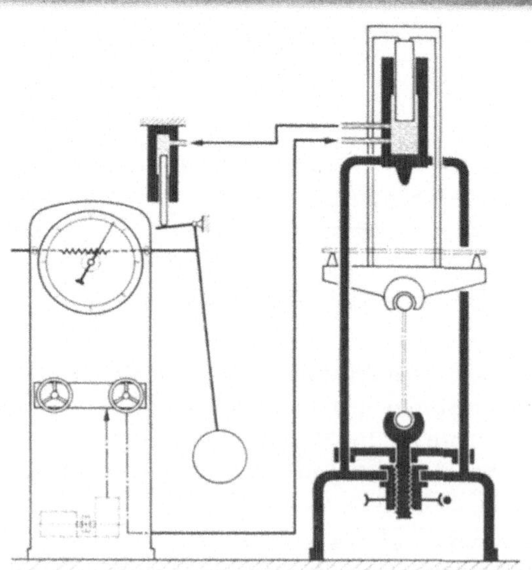

Bilder 24 u. 25. Universalprüfmaschine mit hydraulischem Antrieb und Neigungspendel
(Mohr & Federhaff)

Maschine mit mechanischem Antrieb und mit mechanischem Getriebe für die Einstellung der Dehngeschwindigkeit zu wählen.

Bezüglich der Kraftmessung unterscheidet man Prüfmaschinen mit *Gewichtskraftmessung* (z. B. mit Neigungspendel) und Prüfmaschinen mit *Federkraftmessung*.

Bild 25 zeigt eine Maschine mit Neigungspendel. Bei ihr erfolgt die Kraftübertragung hydraulisch; die Lastbereiche lassen sich durch Auswechseln des Gewichtes leicht einstellen. Bei hohen Versuchsgeschwindigkeiten ergeben sich leicht Fehler, weil das Pendel infolge seiner Trägheit nachschwingt.

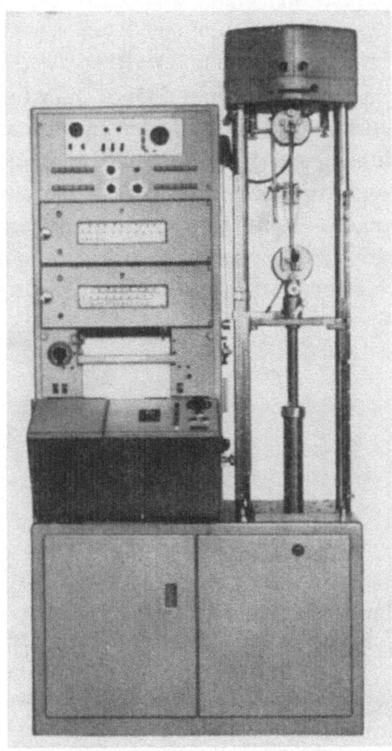

Bild 26. Zugprüfmaschine mit (elektronischer) Federkraftmessung (Zwick)

In Bild 26 ist eine Prüfmaschine mit Federkraftmessung dargestellt. Die Zugkraft wird hier in folgender Weise gemessen: Die obere Einspannvorrichtung ist mit einer in einem „Kraftmeßkopf" befindlichen Biegefeder verbunden, deren Durchbiegung proportional der Prüfkraft ist. Am freien Ende der Feder ist eine Spule angebracht, die je nach Durchbiegung (Belastung) der Feder mehr oder weniger tief in den Luftspalt eines Wechselstrommagneten eintaucht, wodurch in der Spule eine Wechselspannung induziert wird. Die Höhe der induzierten Spannung ist der Eintauchtiefe der Spule proportional und dient als Maß für die auf die Probe einwirkende Prüfkraft. Auf diese Weise wird die Kraftmessung durch keinerlei Reibungs- oder Trägheitskräfte beeinflußt, so daß selbst kleinste Prüfkräfte und schnell verlaufende Vorgänge gemessen werden können. Der Kraftmeßkopf ist auswechselbar; dadurch verfügt die Maschine über einen sehr weiten Meßbereich.

Die *Kraftmeßeinrichtung* jeder Maschine soll regelmäßig von Zeit zu Zeit durch eine amtliche Stelle nachgeprüft werden. Zur Prüfung benutzt man besondere elastische Kraftmesser mit zugehörigen Korrekturkurven (Zugstäbe, Druckkörper, Zug- oder Druckbügel, Druckdosen — DIN 51300, 51301).

Für die Abschätzung der aufzuwendenden Zugkräfte seien folgende Werte angegeben: Das Zerreißen des Querschnittes eines Proportionalstabes mit $d_0 = 20$ mm, also 314 mm², erfordert bei

$$\text{Stahl mit } \sigma_{zB} = 400 \text{ N/mm}^2 \text{ eine Kraft von } 125\,600 \text{ N,}$$
$$\text{Stahl mit } \sigma_{zB} = 900 \text{ N/mm}^2 \text{ eine Kraft von } 282\,600 \text{ N,}$$
$$\text{Stahl mit } \sigma_{zB} = 1500 \text{ N/mm}^2 \text{ eine Kraft von } 471\,000 \text{ N.}$$

Die modernen Zugprüfmaschinen sind meistens „Universalprüfmaschinen", d. h. es können damit außer Zug- auch Druck- und Biegeprüfungen durchgeführt werden. Die Maschinen können auch selbsttätig ein Kraft-Verlängerungs-Schaubild aufzeichnen.

Einspannvorrichtungen. Dem richtigen Einspannen der Probestäbe ist besondere Beachtung zu widmen. Es dürfen nur reine Zugkräfte am Stab angreifen. Zu diesem Zweck ruht bei der Zugprobe C der zylin-

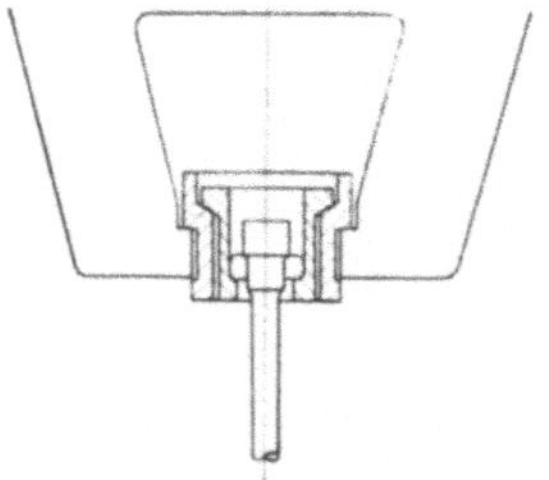

Bild 27. Einspannvorrichtung
für Zugprobe C

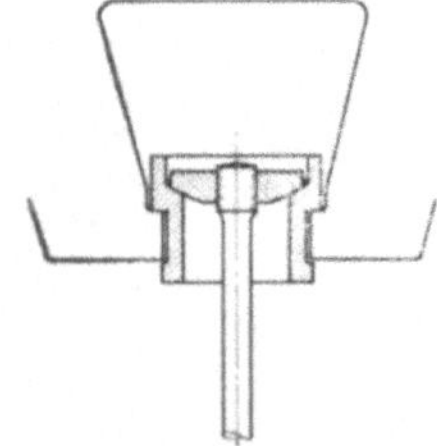

Bild 28. Einspannvorrichtung
für Gewindeköpfe

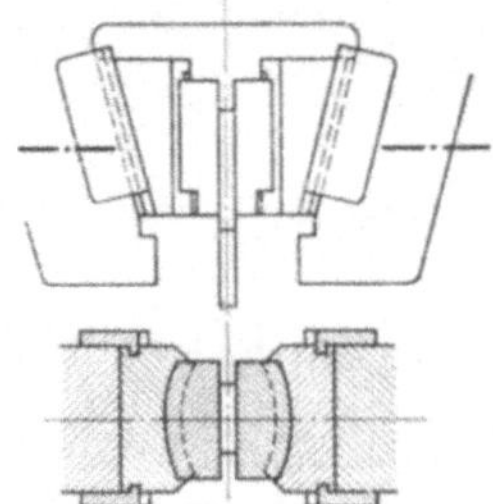

Bild 29. Einspannvorrichtung für Flachstäbe

drische Kopfansatz mit seiner Schulter in einem zweiteiligen Ring und dieser zur selbsttätigen axialen Einstellung in einer Buchse mit einer kugeligen Auflage (Bild 27). Entsprechend ist eine Vorrichtung für die

Stabkopfform mit Gewinde (Bild 28) ausgebildet. Flachstäbe werden zwischen kegeligen gleitenden Backen mit feilenartiger Riefelung der Klemmflächen gefaßt, die ihrerseits in geeignet ausgebildeten, sich selbst einstellenden Haltern liegen (Bild 29). Die Klemmstücke müssen so ausgebildet sein, daß nicht am Stab durch Kantenpressung an den unteren Backenenden eine Beeinflussung der Ergebnisse eintritt.

Dehnungsmessungen. Der Probestab wird mit einer möglichst niedrigen Vorlast so in die Maschine eingespannt, daß er fest hängt. Nun wird ein *Feindehnungsmeßgerät* mit großer Übersetzung angesetzt und dann der Stab stufenweise belastet. Zu jeder Laststufe wird am Dehnungsmeßgerät die Gesamtdehnung abgelesen. Die Stufung der Belastung muß so fein gewählt werden, daß der erste, mit sehr guter Annäherung linear verlaufende Teil (Hookesche Gerade) der Spannungs-Dehnungs-Kurve genau aufgezeichnet werden kann. Der Elastizitätsmodul ist dann das Verhältnis $E = \sigma/\varepsilon$ im elastischen Bereich. Der Kehrwert des Elastizitätsmoduls ist die *Dehnzahl* $\alpha = \varepsilon/\sigma$.

Zur Bestimmung der *technischen* Elastizitätsgrenze wird im Bereich unterhalb der Streckgrenze stufenweise belastet und entlastet und nach jeder Entlastung am Dehnungsmeßgerät die bleibende Dehnung abgelesen. Nach einer hinreichenden Anzahl von Belastungsstufen kann die dem zulässigen bleibenden Dehnungswert entsprechende Spannung ($\sigma_{0,01}$, $\sigma_{0,005}$) durch Interpolation ermittelt werden.

Zur Bestimmung der Streckgrenze wird bei Werkstoffen, bei denen sie deutlich ausgeprägt ist, die Last am Lastanzeiger an der oberen und unteren Streckgrenze abgelesen (Bild 4). Bei Werkstoffen ohne ausgeprägte Streckgrenze muß ein Spannungs-Dehnungs-Diagramm aufgezeichnet werden, aus dem die „Streckgrenze" folgendermaßen ermittelt wird: Man zieht durch den 0,2%-Dehnungspunkt der Abszisse eine Parallele zur Hookeschen Gerade bis zum Schnitt mit der Diagrammlinie; die dem Schnittpunkt entsprechende Spannung ist $\sigma_{0,2}$ (Bild 5). Es sei darauf hingewiesen, daß hierzu *nicht* das mit der Maschine aufgenommene Diagramm benutzt werden darf, da die Maschine nicht nur die Dehnung der Meßlänge, sondern die des ganzen Probestabes überträgt; vielmehr müssen die den Spannungswerten zugeordneten Dehnungswerte mit einem Feindehnungsmeßgerät (s. unten) genau ermittelt werden. Häufig geht man so vor, daß man nach Schätzung bis nahe an 0,2% Dehnung belastet, dann in kleinen Stufen steigend belastet und jedesmal wieder entlastet und danach durch Interpolation den genauen Wert $\sigma_{0,2}$ feststellt.

Als Größenordnung der für die Ermittlung dieser Dehnungen festzustellenden Längenänderungen ergeben sich z. B. für die $\sigma_{0,2}$-Grenze beim

kurzen Proportionalstab:
$d = 20$ mm, $L_0 = 100$ mm, $\Delta L = 100$ mm $\times$ 0,2/100 = 0,2 mm;

langen Proportionalstab:
$d = 20$ mm, $L_0 = 200$ mm, $\Delta L = 200$ mm $\times$ 0,2/100 = 0,4 mm.

Bild 30. Dehnungsmeßuhr von Amsler

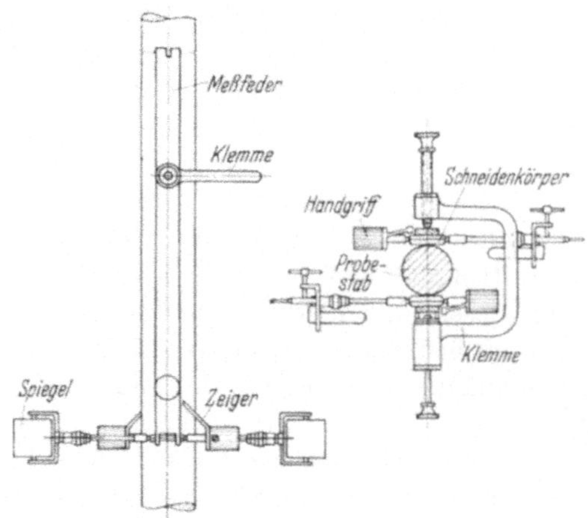

Bild 31. Martens-Spiegelfeinmeßgerät am Probestab

Diese Dehnung kann man auf einfache Weise mit Meßuhr-Dehnungsmeßgeräten wie z. B. dem von A. S. Amsler & Co. (Bild 30) messen, das auf einfache Weise an den Stab angeklemmt wird und an der Meßuhr hundertstel Millimeter (bei 4 mm Gesamtablesung) abzulesen erlaubt, also die festzustellenden Dehnungen sicher angibt.

Die Bestimmung der Längenänderungen bei der technischen Elastizitätsgrenze erfordert die Ermittlung sehr viel kleinerer Dimensionen, nämlich solcher von 0,005 bis 0,01 mm mit besonderen Feinmeßinstrumenten (Bild 31 bis 33).

Ein sehr empfindliches Feindehnungsmeßgerät ist das Martens-Spiegelfeinmeßgerät nach Bild 31, über dessen Arbeitsweise Bild 32 Aufschluß gibt. Das Gerät besteht aus zwei Meßfedern mit je einer Kerbe am einen und einer rechtwinklig umgebogenen Schneide am anderen Ende. Diese Federn werden mit einer Klemme am Probestab befestigt, wobei in der Kerbe ein prismatischer Schneidenkörper zwischen Meßfeder und Probestab eingeklemmt wird. Der Abstand zwischen der

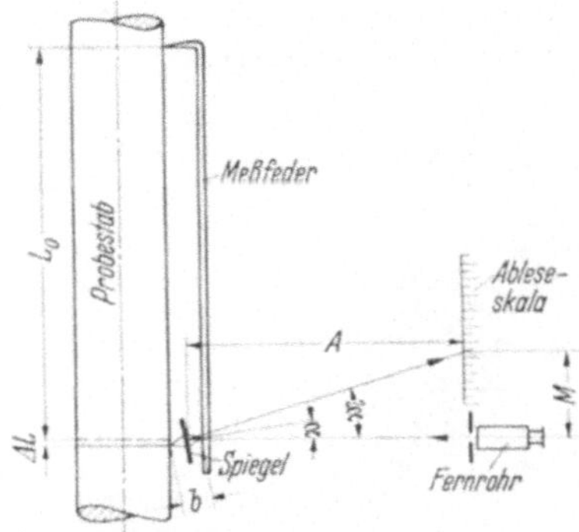

Bild 32. Arbeitsweise des Martens-Spiegelfeinmeßgerätes

festen und der beweglichen Schneide entspricht der normalen Meßlänge. Wird der Stab gedehnt, drehen sich, da die unbelasteten Federn ihre Länge behalten, die Prismen. Diese tragen kleine Spiegel, in denen durch Fernrohre Maßstäbe beobachtet werden, die in größerer Entfernung aufgestellt sind. Diese Anordnung ergibt eine sehr große Empfindlichkeit des Gerätes. Durch die Messung mit zwei getrennten, gegenüberliegenden Meßelementen wird der durch Verbiegen des Probestabes entstehende Fehler beseitigt.

Das Übersetzungsverhältnis des Martens-Spiegelmeßgerätes läßt sich anhand Bild 32 leicht berechnen:

Skalenausschlag: $\qquad\qquad M = A \tan 2\alpha$,

Verlängerung der Meßlänge: $\quad \Delta L = b \sin\alpha$,

Übersetzungsverhältnis: $\qquad n = \dfrac{\Delta L}{M} = \dfrac{b \sin \alpha}{A \tan 2\alpha}$.

Für die hier in Frage kommenden sehr kleinen Winkel ($\alpha < 2°$) kann ohne nennenswerte Fehler $\sin\alpha = \widehat{\alpha}$ und $\tan 2\alpha = 2\widehat{\alpha}$ gesetzt werden (Winkel im Bogenmaß gemessen). Dann wird

$$n = \frac{\Delta L}{M} = \frac{b\,\widehat{\alpha}}{A \cdot 2\widehat{\alpha}} = \frac{b}{2\,A}.$$

Ist z. B. $b = 4$ mm und $A = 1000$ mm, wie üblich, so ist $n = {}^1\!/_{500}$, d. h. eine Verlängerung der Meßlänge um $\Delta L = {}^1\!/_{500}$ mm ruft auf der Ableseskala einen Ausschlag von 1 mm hervor. Meßbar sind Längenänderungen bis etwa 1,0 mm mit einer Meßgenauigkeit von 0,0001 mm.

Feindehnungsmeßgeräte neuerer Entwicklung arbeiten meist auf elektronischer Basis. Bild 33 zeigt den Dehnungsaufnehmer eines derartigen Gerätes. Der Aufnehmer besitzt eine feste und eine bewegliche Schneide. Die bewegliche Schneide, die am Ende eines Fühlhebels befestigt ist, verschiebt sich entsprechend der Längenänderung der Meßstrecke, wodurch ein am entgegengesetzten Ende des Fühlhebels befestigter Spulenkern in einer induktiven Spule verschoben wird. Die mechanische Verschiebung wird so in eine elektrische Spannungsänderung umgewandelt, wodurch nach entsprechender Verstärkung über einen Servomotor eine Schreibtrommel proportional gedreht wird. Auf diese Weise kann selbsttätig ein Kraft-Verlängerungs-Schaubild mit einer 2000-fachen Vergrößerung aufgezeichnet werden, aus dem mit etwa gleicher Genauigkeit wie beim Martens-Spiegelfeinmeßgerät der Elastizitätsmodul und die Streckgrenze bestimmt werden können. Die Versuchszeit ist gegenüber der Messung mit dem Spiegelfeinmeßgerät wesentlich kürzer, zumal auch das zeitraubende Ausrichten der Spiegel entfällt. Eine Verfälschung der Meßwerte durch Verbiegen des Probestabes wird, ähnlich wie oben bereits beschrieben, durch zwei gegenüberliegende Meßelemente vermieden.

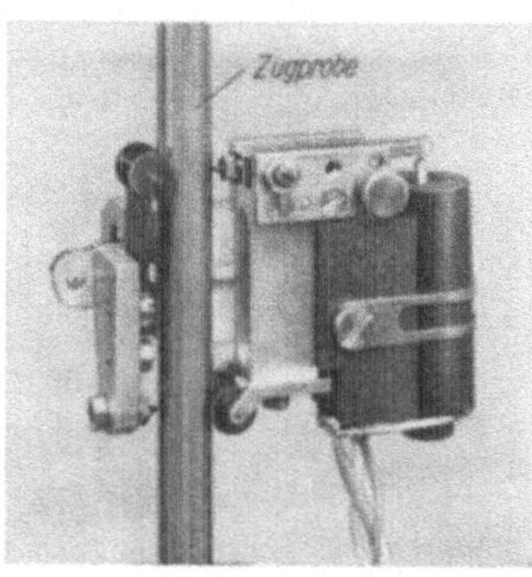

Bild 33. Dehnungsaufnehmer eines elektronischen Feindehnungsmeß-gerätes (Mohr & Federhaff)

Bei den Dehnungsmessungen ist häufig eine durch die Vorlast bedingte Korrektur anzubringen. Diese ist so vorzunehmen, daß sich bei der Spannung 0 N/mm² auch eine Dehnung von 0% ergibt.

Die *Dehnungsmessung nach Überschreiten der Streckgrenze* erfolgt in der Regel mit einem Schleppmaßstab, der aus einem kurzen Stab mit einer an der einen Stirnfläche befestigten Querschneide besteht. An der anderen Stirnseite ist ein Streifen Millimeterpapier in der Weise angeklebt, daß der Abstand Schneide—Nullpunkt des Millimeterpapiers gleich der Meßlänge L_0 ist. Der Schleppmaßstab wird mit einer Feder an dem Probestab befestigt, wobei die Querschneide in die leicht angeritzte obere Meßmarke des Probestabes gesetzt wird. Bei Belastung des Stabes wandert die untere Meßmarke unter dem Millimeterpapier entlang, so daß die Verlängerung ΔL jederzeit leicht abgelesen werden kann.

Die *Bruchdehnung* wird auf folgende Weise ermittelt: Man legt die beiden aus der Maschine genommenen Stabteile mit den Bruchflächen möglichst genau ineinander passend zusammen und mißt die Entfernung L der äußeren Meßmarken der ehemaligen Meßlänge L_0 mit Zirkel oder Maßstab. Die Bruchdehnung ergibt sich dann als

$$\delta = \frac{L - L_0}{L_0} \cdot 100\% .$$

Diese Ermittlung von δ ist nur zulässig, wenn der Bruch im mittleren Drittel der Meßlänge erfolgt ist. Liegt er außerhalb des mittleren Drittels, so sucht man auf folgende Weise eine Symmetrie zu bilden:

Bei einer mit Hilfe einer besonderen Maschine beispielsweise in 20 Intervalle geteilten Meßlänge wird der der Bruchstelle zunächst liegende Teilstrich mit 0 bezeichnet (Bild 34). Von ihm aus zählt man auf dem kürzeren Stabteil die Zahl der Intervalle bis zur Endmarke ab, mißt die Entfernung dieser Endmarke bis zur Bruchstelle und setzt diese Länge = L'. Dann zählt man auf dem längeren Stabteil den zehnten Teilstrich von 0 aus ab, mißt die Entfernung dieses Punktes von der Bruchstelle und setzt diese Länge = L''. In den Längen L' und L'' sind zusammen weniger als 20 Intervalle vorhanden. So viele Intervalle, wie an 20 fehlen, werden am Stab von dem Teilstrich, der oben als Zehnter von 0 aus ermittelt wurde, in Richtung zur Bruchstelle abgezählt und die entsprechende Länge = L''' gesetzt. Die 3 Längen: L', L'' und L''' bilden zusammen die Länge L, die in die Formel zur Bestimmung der Bruchdehnung einzusetzen ist:

$$\delta = \frac{L - L_0}{L_0} \cdot 100\% = \frac{L' + L'' + L''' - L_0}{L_0} \cdot 100\% \, .$$

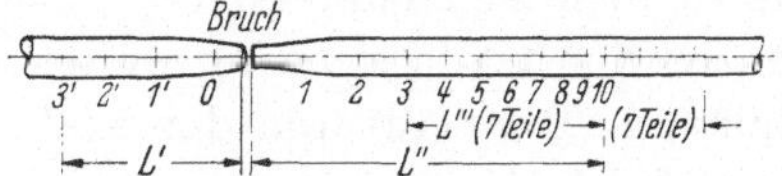

Bild 34. Genaue Bestimmung der Bruchdehnung (DIN 50146)

Die *Brucheinschnürung* ermittelt man, indem man an dem mit den Bruchflächen genau zusammengelegten Probestab zwei aufeinander senkrecht stehende Durchmesser an der dünnsten Stelle mißt, aus denen sich der Querschnitt F_1 ergibt und aus ihm, wie schon auf S. 7 angegeben,

$$\psi = \frac{F_0 - F_1}{F_0} \cdot 100\% \, .$$

Temperatureinfluß-Untersuchungen. Hierfür sind besondere Geräte nötig. Man umgibt den Probestab mit einem Behälter, der ihn mit den Verlängerungsstücken und auch die Federn der Feinmeßeinrichtung umschließt. Der Stab wird mit einem elektrisch beheizten Medium (Salzbad oder Luft) auf die gewünschte Temperatur erwärmt bzw. für tiefere

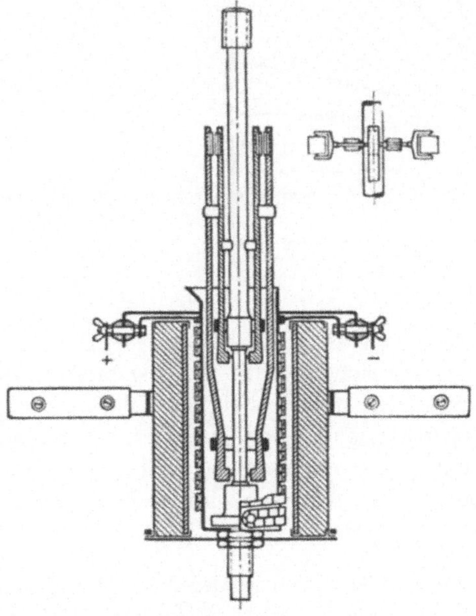

Bild 35. Vorrichtung für Untersuchungen bei hohen Temperaturen

Temperaturen durch Kältemischungen oder Kohlensäureschnee gekühlt. Die Temperatur wird durch selbsttätige Geräte geregelt (Bild 35).

1.1.2. Standversuche. Normen: DIN 50119: Begriffe, Zeichen, Durchführung, Auswertung; DIN 50118: Zeitstandversuch; DIN 50117: DVM-Kriechgrenze (vgl. Fußnote 1, S. 38); DIN 51226: Zeitstandprüfmaschinen für Zugbeanspruchung metallischer Werkstoffe.

Bei langandauernden Belastungen, die sich über Monate und Jahre erstrecken, verhalten sich die Werkstoffe anders als bei der Belastung im normalen Zerreißversuch, sie dehnen sich nämlich noch bei Spannungen unterhalb der Streckgrenze ohne Laststeigerung weiter („Kriechen"). Besonders ist dies bei höheren Temperaturen der Fall, wie sie bei Dampfkesseln, Verbrennungsmotoren, Großapparaturen der chemischen Industrie und dergleichen vorkommen. Bei Stahl kann man bis etwa 350 °C der Berechnung die sogenannte Warmstreckgrenze zugrunde legen, bei Leichtmetallen bis etwa 150 °C die entsprechende 0,2-Grenze. Bei höheren Temperaturen muß die sogenannte *Dauerstandfestigkeit* durch Aufnahme von Zeitdehnlinien für die entsprechenden Spannungen und Temperaturen ermittelt werden.

Bild 36 zeigt in schematischer Darstellung, wie die Dehnungsverhältnisse bei verschiedenen Belastungsstufen sehr unterschiedlich sein können:

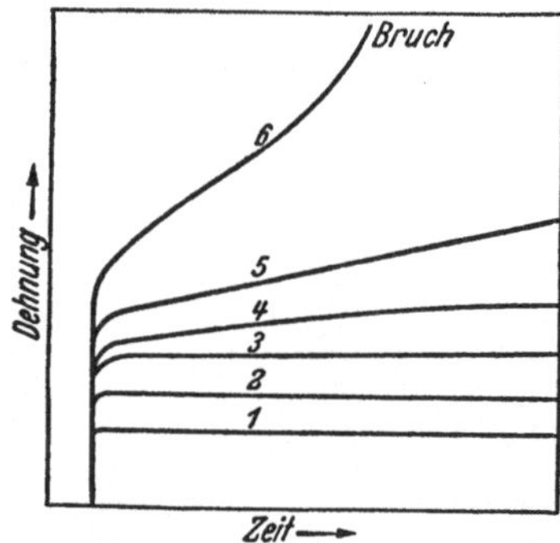

Blid 36. Zeitdehnlinien bei verschiedenen Belastungen nach Pomp und Dahmen

Bei geringen Belastungen (*1, 2, 3*) stellt sich sofort ein bestimmter Dehnungswert ein, der sich auch in beliebig langer Zeit nicht ändert; bei höheren Belastungen steigen bei gleichbleibender Last die anfänglichen Dehnungswerte mit der Zeit an, aber nur bis zu gewissen Endwerten (*4*); von einer bestimmten Belastung ab geht die Steigerung des anfänglichen Dehnungswertes nach einiger Zeit weiter bis zum Bruch (*5, 6*).

Zur Ermittlung von Zeitdehnlinien werden die Proben gemäß Bild 37 mit Gewichten belastet und die Verlängerung der Meßlänge in bestimmten Zeitabständen mit einem Martens-Spiegelfeinmeßgerät oder einem anderen geeigneten Gerät abgelesen. Da Zeitdehnlinien fast ausschließlich bei höheren Temperaturen von praktischer Bedeutung sind, werden die Proben von einem Ofen gemäß Bild 35 umgeben.

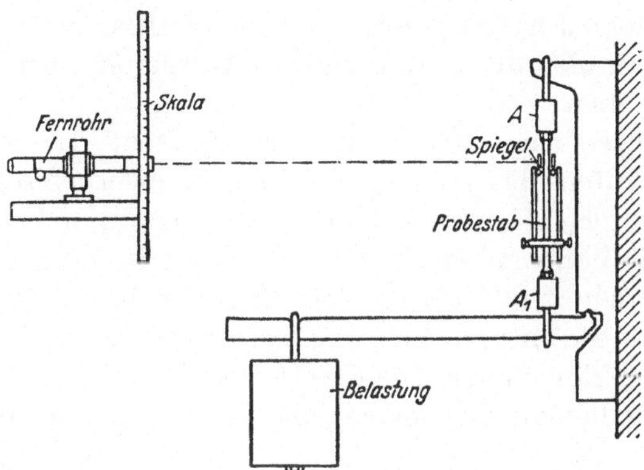

Bild 37. Vorrichtung zum Bestimmen von Zeitdehnlinien

Begriff: Nach DIN 50119 wird diejenige höchste ruhende Beanspruchung, die eine Probe „unendlich lange" ohne Bruch ertragen kann, Dauerstandfestigkeit genannt.

Nun sind aber die Dauerstandfestigkeitswerte so klein, daß nach diesen Werten die Bemessung von Bauteilen in der Regel nicht möglich ist. Man läßt deshalb häufig eine höhere Beanspruchung des Bauteils zu, wobei man allerdings eine begrenzte Lebensdauer des Teils in Kauf nehmen muß.

Kennwerte für das Werkstoffverhalten bei höheren Temperaturen unter ruhender Belastung werden ermittelt durch

a) *Langzeitversuche*. Sie ergeben unmittelbare Werte für praktische Beanspruchbarkeit, natürlich unter der Voraussetzung, daß die Spannungsverhältnisse des Versuchs denen des Betriebs genau entsprechen.

Langzeitversuche erstrecken sich auf Zeiten bis zu 10000 h und mehr. Dabei gilt es, nach Aufstellung von Zeitdehnlinien durch Zwischenwertberechnung (Interpolation) die Spannung zu finden, die in z. B. 10000 h eine bleibende Dehnung von 0,2 % oder 1 % bewirkt (Zeitdehngrenzen $\sigma_{0,2/10000}$ bzw. $\sigma_{1/10000}$).

Weniger wesentlich ist die *Zeitstandfestigkeit*, d. h. die Spannung, die nach einer bestimmten Versuchszeit einen Bruch der Probe hervorruft, denn die Funktion eines Bauteils wird in der Regel bereits durch unzulässige Verformung beeinträchtigt.

Eine Ausdeutung (Extrapolation) der Versuchskurven auf Werte längerer Zeiten ist nur begrenzt möglich.

b) *Kurzzeitversuche*. Als solche gelten Versuche mit einer Versuchszeit von weniger als 100 Stunden. In DIN 50117 ist ein 45-Stunden-Kurzzeitversuch für die Prüfung von Stahl und Stahlguß vorgesehen

(DVM-Kriechgrenze für Temperaturen zwischen 350 und 500 °C), der jedoch keine größere Bedeutung erlangt hat und kaum noch durchgeführt wird.

Die Erfahrungen haben gezeigt, daß Kurzzeitversuche nur einen ungefähren Anhalt über das Verhalten eines Werkstoffes bei langdauernden Belastungen geben.

1.1.3. Druckversuch (DIN 50106). Dieser dient zur Ermittlung des Werkstoffverhaltens bei einachsiger Druckbeanspruchung. Dabei wird eine Probe mit gleichförmigem Querschnitt langsam und stetig gestaucht und die für die Verformung aufzuwendende Kraft gemessen. Der Druckversuch entspricht grundsätzlich dem Zugversuch, er unterscheidet sich von ihm durch die entgegengesetzte Beanspruchungsrichtung (Bild 38).

Der Verlauf des Spannungs-*Stauchungs*-Schaubildes (Bild 39) entspricht bei Metallen im allgemeinen dem Verlauf des Zerreiß-Schaubildes.

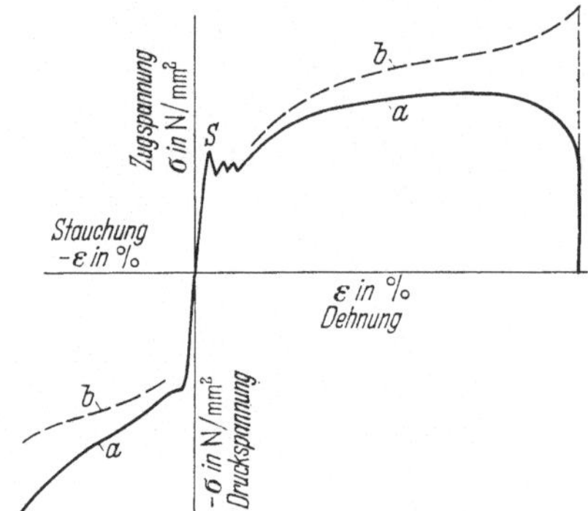

Bild 38. Schaubilder von Zug- und Druckversuch. Spannung bezogen *a* auf den ursprünglichen Probenquerschnitt, *b* auf den jeweiligen Probenquerschnitt

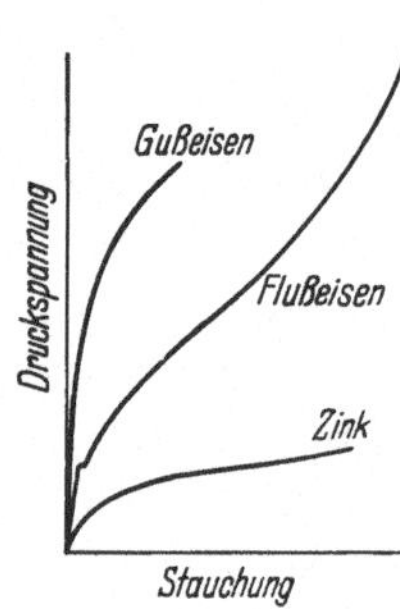

Bild 39. Spannungs-Stauchungs-Schaubilder nach Siebel

Man beobachtet auch hier eine Proportionalitäts- und eine Fließgrenze, die als *Quetschgrenze* bezeichnet wird. Die höchste Druckbelastung läßt sich aber nur bei spröden Werkstoffen feststellen, da weichere bis zur Plattenform gequetscht werden und weitere Formänderungen schließlich extrem hohe Belastungen erfordern würden. In diesem Fall wird der Versuch bis zu einer Gesamtstauchung von 50% durchgeführt und die dieser Verformung zugeordnete Spannung als „Druckfestigkeit" angesehen. Es werden folgende Kennziffern ermittelt, die den Index d erhalten:

σ_{dB}	Druckfestigkeit,
σ_{d50}	Spannung bei einer Gesamtstauchung von 50% („Druckfestigkeit"),
σ_{dF}	Quetschgrenze (Fließgrenze),
$\sigma_{d0,2}$	0,2-Stauchgrenze,
$\sigma_{d0,01}$; $\sigma_{d0,02}$	technische Elastizitätsgrenze,

ε_{dB} Bruchstauchung,

ψ_d Bruchausbauchung,

$$\varepsilon_d = \frac{L_0 - L}{L_0} \cdot 100\% \quad \text{Stauchung,}$$

$$q_d = \frac{F - F_0}{F_0} \cdot 100\% \quad \text{Ausbauchung,}$$

    L_0 ursprüngliche Meßlänge,

    L Meßlänge während des Versuchs,

    F_0 ursprünglicher Probenquerschnitt,

    F Probenquerschnitt während des Versuchs.

Die Verformung bei der Druckbeanspruchung wird durch geschnittene Probekörper aus bildsamem Stoff, wie Blei oder Wachs, die geschichtet und durch Färbung gekennzeichnet sind, oder durch Ätzung einer Probe besonders veranschaulicht. Bild 40 zeigt eine geätzte Stahlprobe

Bild 40. Druckprobe aus stark zeiligem Stahl (makroskopisch geätzt)

mit stark zeiligem Gefüge. An dem Verlauf der Zeilen ist deutlich zu erkennen, daß sich über den beiden belasteten Flächen Kegel gebildet haben, die nahezu keine Verformung zeigen, während der sie umgebende Werkstoff herausgedrückt wurde. Es tritt also auch hier eine ähnliche Erscheinung wie beim Zugversuch auf, wonach sich durch die Bean-

Bild 41. Zerdrückte Messingproben

spruchung drei bestimmte Zonen bilden, zwei Kegel und ein Ringkörper. Die Bildung dieser Teile ist manchmal an den Bruchstücken erkennbar. So zeigt Bild 41 Teile von zerdrückten Messingzylindern.

Oft äußert sich jedoch die Kegelbildung innerhalb des Werkstoffs lediglich durch einen schrägen Verlauf der Bruchfläche, der dadurch zu erklären ist, daß die beiden Kegel aneinander vorbeigleiten konnten (Bild 42). Bei mittelharten und weichen Werkstoffen, die sich, wie schon erwähnt, vollkommen zusammendrücken lassen, erreicht man gewöhnlich nur Risse in der Oberfläche. Dabei wird nur die Bruchdeh-

Bild 42. Zerdrückte Graugußproben

nung der Außenfasern überschritten. Der Versuch gilt beim ersten Auftreten von Rissen als beendet. Bei spröden Werkstoffen zerspringt der Probekörper in unregelmäßige Teile. In diesem Fall sind ε_{dB} und ψ_d nicht zu bestimmen. Bei Werkstoffen, die keine ausgeprägte Quetschgrenze zeigen, wird, ähnlich wie beim Zugversuch die 0,2-Dehngrenze (vgl. S. 19), beim Druckversuch die 0,2-Stauchgrenze ermittelt.

Die Probenform ist bei Metallen mit Rücksicht auf die leichte und genaue Herstellung durch Drehen zylindrisch. Für den Durchmesser d werden üblicherweise 10 bis 30 mm gewählt. Für Versuche ohne Messung der Längenänderung ist die Probenhöhe $h = d$ (Normalprobe), für Versuche mit Messung der Längenänderung ist $h = 3\,d$. Die Meßlänge L_0 beträgt $2\,d$.

Die Feinmessungen werden mit einem Martens-Spiegelfeinmeßgerät oder einem anderen geeigneten Feinmeßgerät durchgeführt. Bei größeren Verformungen mißt man die Bewegung der Druckflächen der Prüfmaschine gegeneinander mit einer Meßuhr.

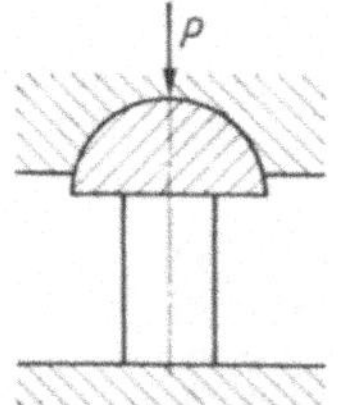

Bild 43. Einspannung beim Druckversuch

Als Prüfmaschinen werden in der Regel Universalprüfmaschinen (vgl. Zugversuch) benutzt, daneben sind aber auch spezielle Druckprüfmaschinen in Gebrauch (DIN 51223).

Die Preßflächen der Maschinen oder die benutzten Zwischenlagen sollen möglichst poliert sein, um die Reibungskräfte niedrig zu halten, und eventuell mit Öl oder Graphit geschmiert werden.

Da bei sorgfältiger Herstellung die Endflächen der Proben hinreichend eben und planparallel sind, kann die Prüfung in einer Prüfmaschine ausgeführt werden, die zwei starre, parallele Druckflächen besitzt. Sind geringe Abweichungen der Parallelität der Probenendflächen vorhanden, muß eine der Druckflächen der Prüfmaschine eine kugelige Einstellung besitzen, so daß eine gleichmäßige Druckübertragung gewährleistet ist (Bild 43). Bei der Durchführung von Feinmessungen empfiehlt es sich, eine besondere Druckvorrichtung zu verwenden, die eine einwandfreie axiale Belastung der Probe gewährleistet.

1.1.4. Biegeversuch. In erster Linie wird der Biegeversuch bei spröden Werkstoffen (Gußwerkstoffe, gehärtete Stähle) durchgeführt, bei denen beim Zugversuch die geringen, aber für die Beurteilung des Werkstoffs wesentlichen Dehnungsbeträge nicht genau genug zu messen sind. Der Biegeversuch gestattet, das Dehnungsverhalten auch dieser Werkstoffe zu beurteilen. Darüber hinaus werden auch Federbleche dem Versuch unterzogen, um den für die Konstruktion wichtigen Elastizitätsmodul sowie die Elastizitätsgrenze zu ermitteln (DIN 50151). Während man eine reine Zug- bzw. Druckbeanspruchung im praktischen Betrieb selten findet, tritt eine Beanspruchung auf Biegung verhältnismäßig häufig auf. Aus diesem Grunde werden ganze Bauteile wie Flugzeugtragflächen und dergleichen einem Biegeversuch unterworfen.

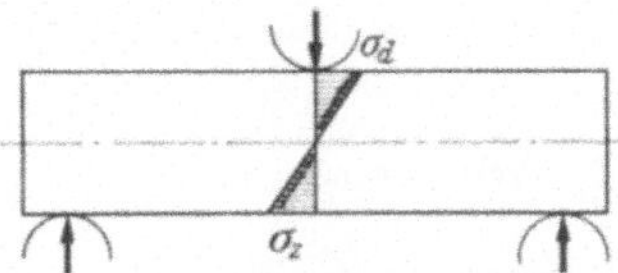

Bild 44. Elastisches Gebiet

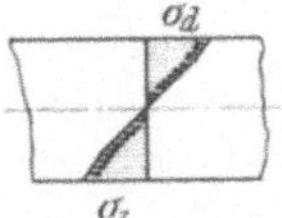

Bild 45. Plastisches Gebiet

Bilder 44 u. 45. Spannungsverteilung bei Biegung

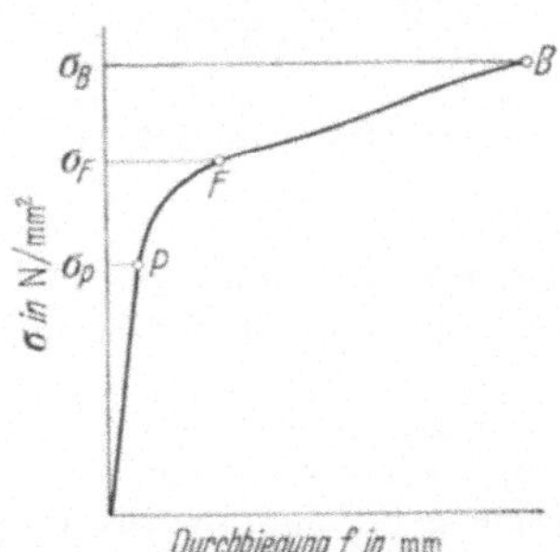

Bild 46. Spannungs-Durchbiegungs-Schaubild

Der Biegeversuch ist ein Prüfverfahren, bei dem *Kräftepaare* und nicht Einzelkräfte wirksam sind. Es treten Zug- und Druckspannungen auf.

Die *Spannungsverteilung* ist aus den Bildern 44 und 45 ersichtlich. Der symmetrischgeradlinige Verlauf tritt nur im elastischen Gebiet auf.

Wenn der Werkstoff für Zug und Druck die gleichen Abhängigkeiten zwischen Formänderung und Spannung besitzt, d. h. die Zug- und Druckschaubilder sich nach Drehung um 180° decken, werden die Zug- und Druckzonen der Probe gleich groß sein und die neutrale Zone, die keine Formänderung erfährt, in der Mitte liegen, wie dies in den Bildern 44 und 45 schematisch dargestellt ist. Dies ist praktisch selten der Fall.

Die Beziehung zwischen Spannungs- und Durchbiegungswerten wird im Spannungs-*Durchbiegungs*-Schaubild dargestellt (Bild 46).

Die beim Biegeversuch ermittelten Spannungskennziffern erhalten den Index *b* (z. B. Biegefestigkeit σ_{bB}). Der Index *b* kann weggelassen werden, wenn eine Verwechselung ausgeschlossen ist.

Als Spannungskennziffern gelten die Spannungen am Probenrand, wo sie gemäß den Bildern 44 und 45 am größten und somit ausschlaggebend sind. Sie werden bei der üblichen Versuchsanordnung (Bild 47) ermittelt gemäß

$$\sigma_b = \frac{M_b}{W} = \frac{P L_s}{4\,W}\,,$$

worin M_b das Biegemoment, W das Widerstandsmoment (für kreisförmigen Querschnitt: $\pi\,d^3/32$), P die Belastung, L_s die Stützweite ist.

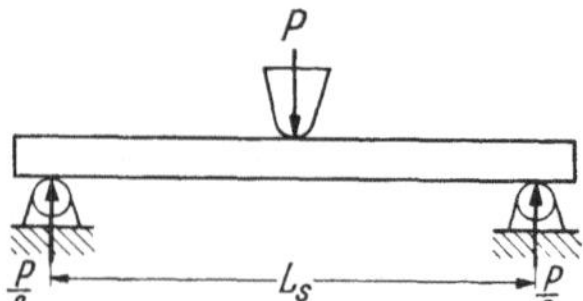

Bild 47. Schema der Versuchsanordnung

Der Elastizitätsmodul ergibt sich bei Belastung unterhalb der Elastizitätsgrenze zu

$$E = \frac{P L_s^{\,3}}{48\,I f}\,,$$

wenn I das Trägheitsmoment (für kreisförmigen Querschnitt: $\pi\,d^4/64$) und f die Durchbiegung ist.

$\sigma_{b\,0,05}$ (technische Elastizitätsgrenze) ist die Rand-Biegespannung, die nach Entlastung zu einer vorgegebenen bleibenden Durchbiegung (in diesem Fall 0,05 mm) führt.

σ_{bP} (Proportionalitätsgrenze) ist die Spannung, bis zu der Spannungen und Durchbiegungen einander proportional sind, d. h. bis zu diesem Punkt steigt die Spannungs-Durchbiegungs-Linie geradlinig an. Die Proportionalitätsgrenze wird in der Werkstoffprüfung nicht mehr als Kennziffer ermittelt.

σ_{bF} (Biegegrenze) ist die Spannung, von der ab bei verhältnismäßig geringer Spannungszunahme eine starke Zunahme der bleibenden Durchbiegung auftritt. Eine ausgeprägte Biegegrenze ist sehr selten.

σ_{bB} (Biegefestigkeit) ist die höchste vom Probestab ausgehaltene Spannung. Nur bei spröden Stoffen ist ein vollständiger Bruch zu erreichen.

f_B (Bruchdurchbiegung) ist die im Augenblick des Bruchs gemessene Durchbiegung.

Biegeversuch bei Grauguß (DIN 50110), *Probenherstellung und -form* (DIN 50108).

a) Getrennt gegossene Probestäbe bleiben im allgemeinen unbearbeitet; die Oberfläche soll frei von Unebenheiten und Gußnähten sein.

Getrennt zu gießende Stäbe müssen aus der gleichen Gießpfannenfüllung wie das Gußstück vergossen und in annähernd gleicher Weise wie dieses erkaltet sein.

b) Angegossene Probestäbe werden je nach Vereinbarung unbearbeitet oder bearbeitet geprüft; die Oberfläche der bearbeiteten Proben soll glatt und frei von Querriefen sein. Solche Probestäbe sind so am Gußstück anzuordnen, daß sie in gleicher Weise erstarren wie die gefährdeten Querschnitte des Gußstückes.

c) Aus dem Gußstück selbst herausgearbeitete Proben werden am besten aus den gefährdeten Querschnitten herausgeschnitten oder — falls dies nicht möglich ist — aus Stellen, die infolge gleicher Abkühlverhältnisse gleiches Gefüge haben wie die gefährdeten Querschnitte.

Für den Biegeversuch werden in der Regel Rundstäbe verwendet. Genormt sind die Durchmesser $d = 10, 13, 20, 30$ und 45 mm.

Der Durchmesser wird in der Mitte in zwei senkrecht zueinander stehenden Richtungen auf 0,1 mm genau gemessen. Der Unterschied zwischen beiden Durchmessern darf nicht mehr als 5% des Nenndurchmessers betragen. Die Stützweite beträgt $L_s = 20 \times$ Probendurchmesser.

Der Biegeversuch kann auf der Universalprüfmaschine (Bild 24) durchgeführt werden. Die Durchbiegung bestimmt man mit der Meßuhr aus der Bewegung des Druckstückes, beim 30 mm-Stab auf 0,1 mm genau, beim 10 mm-Stab auf 0,05 mm.

Für Massenprüfungen von Grauguß werden einfache Spezialmaschinen benützt, die meist mit einem Flüssigkeitsmanometer zur Kraftmessung und mit einer Hebelübersetzung zur Ermittlung der Durchbiegung ausgerüstet sind (DIN 51227).

1.1.5. Verdrehungsversuch (Torsionsversuch). Er wird als statisches Verfahren selten angewendet. Gelegentlich prüft man auf diese Weise Material für Wellen oder Drehstabfedern. Es bestehen keine allgemein anerkannten Probestababmessungen und Versuchsbedingungen. Der meist zylindrische Probestab wird beidseitig in drehbare Gehäuse eingespannt, deren Achsen genau mit der Stabachse übereinstimmen müssen. An dem einen Ende wird die Belastung aufgebracht, an dem anderen die Größe des Drehmomentes beispielsweise in der Weise ermittelt, daß der Druck eines Hebels auf eine Meßdose oder auf eine Waage gemessen wird.

Die Spannung im Probestück wächst beim Verdrehen mit dem Abstand von der Stabachse, wobei bei zylindrischen Proben im gleichen Abstand von der Achse Spannungen gleicher Größe auftreten. Für die Berechnung maßgebend ist daher die Spannung am Probenrand. Als Kennziffer wird die *Torsionsfestigkeit* τ_{tB} aus dem Drehmoment M_t

beim Bruch und dem „polaren" Widerstandsmoment W_p des Probestabes berechnet gemäß

$$\tau_{tB} = \frac{M_t}{W_p}$$

(W_p für Kreisquerschnitt: $\pi\, d^3/16$).

Bei der Formänderung durch die Drehbeanspruchung bilden die Längsfasern eines Probestabes Schraubenlinien. Bei gleichmäßigem Werkstoff ist die Verdrehung, gemessen als Winkel γ der Längsfasern gegen die Stabrichtung, im gleichen Abstand von der Stabachse gleich groß.

Schubspannung τ und Winkel γ sind im elastischen Bereich durch den Schubmodul G miteinander verknüpft:

$$\tau = G\,\gamma \;.$$

Schubmodul G, Elastizitätsmodul E (vgl. S. 9) und Poissonsche Konstante μ (vgl. S. 5) hängen in folgender Weise zusammen:

$$G = \frac{E}{2\,(1 + \mu)} \;.$$

1.1.6. Scher- und Lochversuch. Beim *Scherversuch* (DIN 50 141) soll der Widerstand eines Werkstoffs gegen Verschiebung zweier neben-

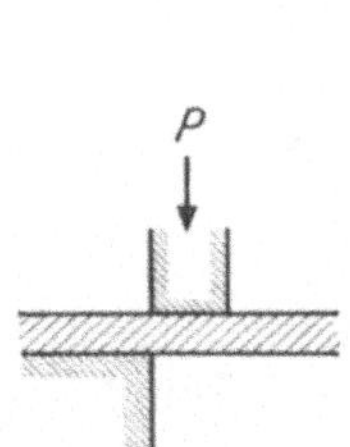

Bild 48. Einschnittiger Scherversuch

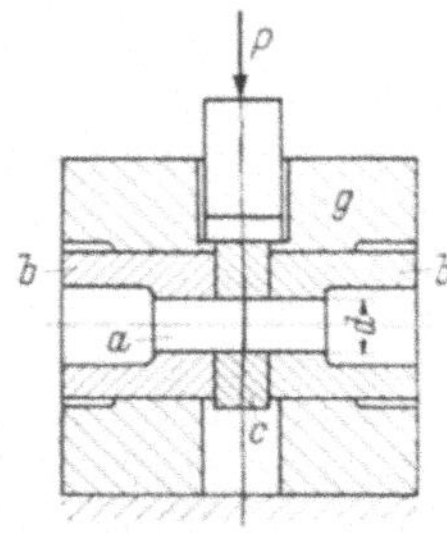

Bild 49. Zweischnittiger Scherversuch

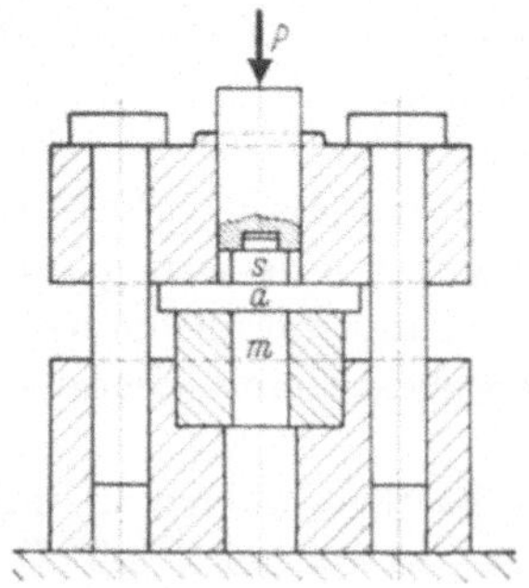

Bild 50. Lochversuch

Bilder 48—50. Scher- und Lochversuch. *a* Probe, *b* Scherbacken, *c* Scherring, *g* Gehäuse, *m* Matrize, *s* Lochstempel

einander liegender Querschnitte bestimmt werden. Die Beanspruchung beim Versuch kann einschnittig oder zweischnittig sein (Bild 48 und 49). Beim zweischnittigen Scherversuch werden die beim einschnittigen Scherversuch unvermeidlichen Biegebeanspruchungen weitgehend vermieden. Aus diesem Grund wird in der Regel der zweischnittige Versuch durchgeführt.

Die *Scherfestigkeit* τ_{aB} ist die auf die beiden Querschnitte F der Probe a (Bild 49) bezogene Last:

$$\tau_{aB} = \frac{P}{2\,F}\,.$$

Beim Lochversuch wird mit einem besonderen Stanzwerkzeug die Scherfestigkeit des Werkstoffes beim Ausstanzen eines kreisförmigen Ausschnittes bestimmt (Bild 50). Die Scherfestigkeit ist außer vom Werkstoff von der Blechdicke der Probe a, dem Lochdurchmesser, der Matrize m, der Stirnfläche des Stempels s (eben oder hohl) und vom Spiel zwischen Stempel und Matrize abhängig. Man berechnet die Schubspannung τ_{aB} als Kraft, bezogen auf den verschobenen Querschnitt:

$$\tau_{aB} = \frac{P}{\pi\,d\,s}$$

mit d als Lochdurchmesser und s als Blechdicke.

1.1.7. Bruchzähigkeit. Im allgemeinen nimmt bei den metallischen Werkstoffen mit steigender Zugfestigkeit die Verformbarkeit ab. Das führt bei hochfesten Werkstoffen dazu, daß Spannungsspitzen, die an scharfen Querschnittsübergängen, Oberflächenkerben oder auch inneren Fehlstellen auftreten, nicht mehr durch örtliche plastische Verformung abgebaut werden. Die Folge hiervon ist, daß beispielsweise immer wieder Bauteile aus hochfesten Stählen spröde brechen, wobei die äußeren Spannungen noch weit unterhalb der Streckgrenze liegen können.

Der *Kerbschlagbiegeversuch*, der üblicherweise für die Beurteilung eines Werkstoffs bezüglich seiner Zähigkeitseigenschaften durchgeführt wird (vgl. Abschnitt 1.2.2.), ist zwar ein sehr empfindliches Prüfverfahren, wegen des undefinierten Spannungszustandes im Prüfquerschnitt der Proben sind seine Ergebnisse jedoch nicht geeignet, das Sprödbruchverhalten eines Werkstoffs quantitativ zu beschreiben.

In neuerer Zeit ist nun im Rahmen der *Bruchmechanik* ein Kennwert für das Bruchverhalten verschiedenartiger Werkstoffe entwickelt worden, den der Konstrukteur unmittelbar für die Berechnung von Bauteilen verwenden kann. Man geht davon aus, daß jedes Bauteil mehr oder weniger kleine rißartige Fehlstellen enthält, sei es von der Herstellung des Rohmaterials oder von der nachfolgenden Bearbeitung her. Diese Risse können mit zunehmender Belastung größer werden, bis bei einem *kritischen* Punkt — abhängig vom Werkstoff, von der äußeren Spannung sowie von Form und Größe des Risses — ein spontaner Bruch des gesamten Teils eintritt.

Das Spannungsfeld im Bereich eines Risses wird durch den *Spannungsintensitätsfaktor K* beschrieben. Für den einfachsten Fall eines unendlich breiten Bleches (Bild 51) ergibt sich K aus der Rißlänge $2\,a$ und der senkrecht zum Riß wirkenden Spannung σ zu

$$K_I = \sigma \sqrt{\pi\,a} \left[\mathrm{N/mm}^{-\frac{3}{2}}\right]^{((1))}.$$

Für reale Proben sind die Beziehungen für K im allgemeinen komplizierter.

Als Kennwert wird der Spannungsintensitätsfaktor am kritischen Punkt bestimmt. Dieser *Bruchzähigkeit* genannte K_{Ic}-Wert[2] hängt unter bestimmten Bedingungen nur vom Werkstoff selbst ab (Wärmebehandlungszustand, Faserverlauf usw.). Er stellt also einen echten Werkstoffkennwert dar.

Probenform und Versuchsdurchführung: Eine deutsche Norm für die Bestimmung der Bruchzähigkeit existiert noch nicht, es sei deshalb auf

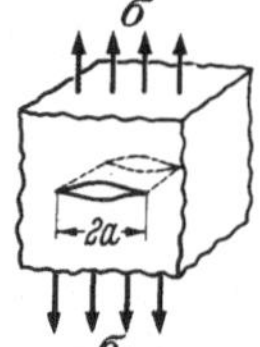

Bild 51. Riß in einem unendlich breiten Blech (Rißart I)

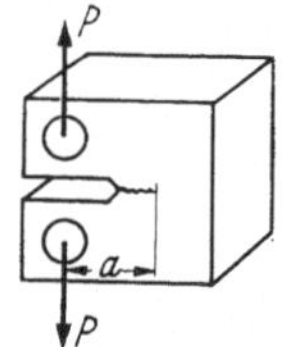

Bild 52. Probe zur Ermittlung des K_{Ic}-Wertes im Zugversuch

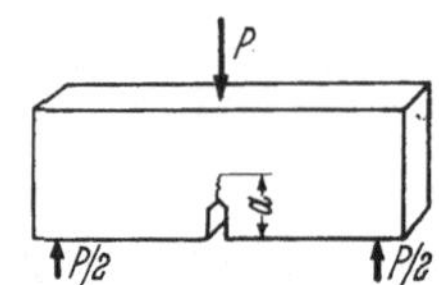

Bild 53. Probe zur Ermittlung des K_{Ic}-Wertes im Biegeversuch

den amerikanischen ASTM-Standard E 399-72[3] verwiesen, der alle erforderlichen Angaben zur Probenform, Versuchsdurchführung und -auswertung enthält. Die gebräuchlichsten Verfahren zur Ermittlung der Bruchzähigkeit sind der Zug- bzw. Biegeversuch an gekerbten und mit zusätzlichen Anrissen versehenen Flachproben (Bild 52 und 53). Zu bestimmen sind die Zugkraft P und die Länge des Anrisses a am kritischen Punkt.

Die Probenabmessungen lassen sich nicht einheitlich festlegen, sondern hängen vom Werkstoff selbst ab. Das rührt daher, daß die Theorie ein elastisches Werkstoffverhalten bis zum Bruch voraussetzt, d. h. eine vollkommene Sprödigkeit, was in der Praxis im allgemeinen nicht der

---

((1)) Der Index I kennzeichnet die Rißart. Man unterscheidet drei Rißarten: bei der Rißart I heben sich die Bruchflächen senkrecht voneinander ab (vgl. Bild 51), während bei den Rißarten II und III die Flächen in verschiedenen Richtungen zur Rißfront aufeinander abgleiten. In der Praxis tritt meist nur die Rißart I auf.

[2] c = critical (kritisch).

[3] ASTM = American Society for Testing Materials.

Fall ist. Es hat sich aber gezeigt, daß der Fehler, der durch die plastische Zone im Bereich des Risses verursacht wird, praktisch vernachlässigt werden kann, solange diese gegenüber dem elastisch verformten Probenteil klein ist. Aus diesem Grunde wird die Bruchzähigkeit vornehmlich bei Werkstoffen höherer Festigkeit bestimmt; bei weicheren Metallen ergeben sich oft recht große Mindesprobenabmessungen.

Die Proben werden zunächst im Kerbgrund durch schwingende Beanspruchung (vgl. Abschnitt 1.3.) mit einem Ermüdungsanriß versehen, wodurch man Bedingungen erhält, die der Theorie weitgehend entsprechen. Anschließend werden die Proben auf Zug bzw. auf Biegung bis zum Bruch belastet, wobei die unterkritische Rißausbreitung und der kritische Punkt selbst möglichst genau zu registrieren sind. Das geschieht entweder über die Messung der Kerbaufweitung an der Probenkante oder über eine Messung des elektrischen Widerstandes (der elektrische Widerstand einer Probe erhöht sich durch einen wachsenden Riß). Nur bei spröden Werkstoffen kann man die am kritischen Punkt gemessene Zugkraft direkt zur Berechnung des K_{Ic}-Wertes heranziehen; bei Proben mit größerem plastischen Bruchanteil wird die entsprechende Zugkraft nach einem verhältnismäßig komplizierten Verfahren aus dem Zugkraft-Rißausbreitungs-Diagramm ermittelt. Desgleichen sind auch die Formeln für die Berechnung des K_{Ic}-Wertes recht verwickelt. Das ist darauf zurückzuführen, daß Korrekturen angebracht werden müssen, die die Abweichung der praktischen Bedingungen von den theoretischen Forderungen ausgleichen sollen (vgl. Norm!).

Anwendung der Bruchzähigkeit: Die Bruchmechanik wird vor allem im Turbinenbau, im Reaktorbau sowie in der Luft- und Raumfahrtindustrie als Konstruktionsgrundlage verwendet. Die Beziehung zwischen K_{Ic}, der kritischen Rißlänge und der äußeren Belastung ermöglichen es dem Konstrukteur beispielsweise, das betreffende Bauteil so auszulegen, daß die Beanspruchung unterhalb des kritischen Punktes bleibt. Außerdem ist die Berechnung der kritischen Rißtiefe für die Auswahl eines zerstörungsfreien Prüfverfahrens wichtig. Um den Bruch des betreffenden Bauteils verhindern zu können, muß ein Prüfverfahren ausgewählt werden, das noch mit Sicherheit Fehlstellen nachzuweisen gestattet, die kleiner als die kritische Rißlänge sind.

Unterhalb vom kritischen Punkt bleibt bei statischer Belastung ein vorhandener Riß im allgemeinen stabil. Anders ist es bei schwingender Beanspruchung. Hier muß bereits im unterkritischen Gebiet mit einem ständigen langsamen Rißfortschritt gerechnet werden. Diese unterkritische Rißausbreitung läßt sich im Versuch bestimmen. Damit ist es möglich, die Beziehungen der Bruchmechanik auch für die Lebensdauerberechnung dynamisch beanspruchter Teile heranzuziehen bzw. umgekehrt, die Konstruktion auf eine bestimmte Lebensdauer auszulegen.

1.2. Schlagartige Beanspruchungen

1.2.1. Schlagzug- und Schlagdruckversuch. Beim Schlagzugversuch wird eine reine Zugbeanspruchung schlagartig aufgebracht. Sie kann so groß gewählt werden, daß der Bruch bei einem Schlage eintritt oder auch daß erst mehrere Schläge zum Bruch führen. Der Zweck dieser Beanspruchung ist, die Neigung des Werkstoffes zum Trennungsbruch zu untersuchen.

Beim Schlagdruckversuch, meist Stauchversuch genannt, wird der Werkstoff in gleicher Weise auf Druck beansprucht, um sein Verhalten bei der spanlosen Verformung zu ermitteln, d. h. festzustellen, erstens: welche Arbeit zu einer bestimmten Verformung aufzuwenden ist, zweitens: in welchem Maße sich der Werkstoff ohne Rißbildung verformen läßt. Diese Staucharbeiten entsprechen dem Verformungswiderstand. Umgekehrt können die z. B. bei Kupfer ermittelten Zahlen dafür benutzt werden, Schlagwerke zu eichen oder auch die Größe schlagartiger Beanspruchungen zu bestimmen.

Ausgeführt werden derartige Schlagversuche auf Fall- oder Pendelschlagwerken (vgl. Schlagbiegeversuch).

1.2.2. Schlagbiege- und Kerbschlagbiegeversuch. Diese Versuche dienen zur Ermittlung der Zähigkeitseigenschaften der Werkstoffe, die sich weder aus den Kennziffern des Zugversuchs noch aus denen der anderen Prüfverfahren ergeben.

Der reine Schlagbiegeversuch hat bei Stahl nur Bedeutung als Abnahmeprüfung für Schienen, Achsen, Eisenbahnradreifen, Ankerketten, die zeitweise schlagartigen Beanspruchungen bei tiefen Temperaturen ausgesetzt sind (Grund vgl. unter Kerbschlagbiegeversuch). Darüber hinaus wird er noch bei Zink und Zinklegierungen zur Beurteilung des Zähigkeitsverhaltens bei stoßartiger Beanspruchung (DIN 50116) durchgeführt.

Beim Kerbschlagbiegeversuch verschärft der Kerb in der Probe die Beanspruchung des Werkstoffs ganz erheblich. Als solche verschärfte Beanspruchung, die den in der Praxis meist vorliegenden Verhältnissen nahekommt, ist der Kerbschlagbiegeversuch von großer Bedeutung und unerläßlich da, wo außer der Festigkeit auch die *Kerbschlagzähigkeit* des Werkstoffs wichtig ist. Sie ist bei schlagartiger Belastung besonders bei kerbartig gestalteten Konstruktionsteilen sogar ausschlaggebend, auch bei der Prüfung von Werkstücken, die eine Wärmebehandlung erfahren haben. Die Kerbung der Probe hat auch den Erfolg, daß bei den Werkstoffen ein Bruch eintritt, bei denen er ohne Kerb nicht eintreten würde, die sich vielmehr nur biegen und damit keine meßbaren Ergebnisse zeigen würden. Für diese wichtige Prüfung gelten folgende Normen:

DIN 50115 Stahl und Stahlguß: Kerbschlagbiegeversuch
DIN 50122 Stahl: Kerbschlagbiegeversuch an schmelzgeschweißten Stumpfnähten
DIN 51222 Pendelschlagwerke.

Die aus dem Kerbschlagbiegeversuch erhaltenen Zahlen sind nur Vergleichswerte, keine wissenschaftlichen Zahlenwerte, die der Konstrukteur in seine Berechnung einsetzen kann. Ermittelt wird die Arbeit A, die zum Durchschlagen der Probe aufgewendet wird; sie wird in J(-oule) gemessen und, bezogen auf den Querschnitt der Probe im Kerbgrund F_0 in cm², als Kerbschlagzähigkeit a_k bezeichnet:

$$a_k = \frac{A}{F_0}\,[\text{J/cm}^2]\,^{((1))}.$$

Die Kerbschlagzähigkeit hängt vorwiegend von folgenden Faktoren ab:

a) Kerbform und -tiefe: Runde, spitze, flache, tiefe Kerben ergeben bei sonst gleichem Probekörper und Werkstoff völlig verschiedene a_k-Werte.

b) Probenabmessungen: Vergleichbare Werte können nur mit gleicher Probenform und -abmessung erhalten werden, denn es bestehen keine allgemeinen Beziehungen zwischen den Prüfergebnissen und -abmessungen. Die Ergebnisse einer Probenform auf eine andere Probenform oder auf andere Abmessungen mit hinreichender Genauigkeit umzurechnen, ist nicht möglich.

c) Auflageentfernung: Nur bei gleicher Auflageentfernung sind die a_k-Werte vergleichbar. Gesetzmäßigkeiten sind nicht vorhanden. Es ist also die Einhaltung der Normvorschriften nötig.

d) Schlaggeschwindigkeit: Diese hat geringeren Einfluß; sie soll je nach Größe des Gerätes zwischen etwa 3 und 6 m/s liegen (vgl. Norm).

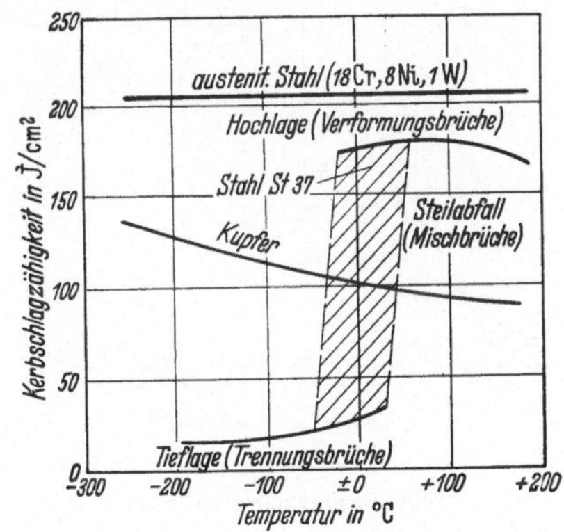

Bild 54. Abhängigkeit der Kerbschlagzähigkeit von der Temperatur bei St 37, austenit. Stahl und Kupfer

e) Temperatur: Bei Stahl fallen die a_k-Werte bei niedrigen Temperaturen im allgemeinen stark ab, wie es für Stahl St 37 Bild 54 zeigt. Bei anderen Stählen ist es ähnlich. Die niedrigen Werte von a_k bei Stahl

---

$^{((1))}$ Bei Angaben der Kerbschlagzähigkeit, die bisher in kpm/cm² gemacht wurden, gilt als Umrechnung: 1 kpm/cm² $\triangleq$ 9,807 J/cm².

nennt man die Tieflage, die hohen die Hochlage der Kerbschlagzähigkeit. Zwischen Hoch- und Tieflage liegt ein Übergangsgebiet, in dem die Kerbschlagzähigkeitswerte stark streuend ziemlich steil abfallen (Steilabfall der Kerbschlagzähigkeit). Im Vergleich hierzu ändert sich die Zugfestigkeit dieser Werkstoffe mit der Temperatur nur in unbedeutendem Maße. Bei Metallen mit kubisch-flächenzentriertem Raumgitter (vgl. S. 82), wie z. B. Kupfer und Aluminium, gibt es im allgemeinen keinen Abfall von a_k nach tieferen Temperaturen hin, sondern sogar ein langsames Ansteigen. Ähnlich verhalten sich auch austenitische Stähle.

f) Es muß darauf geachtet werden, daß bei der Kerbherstellung keine quer zur Längsachse der Proben verlaufenden Riefen entstehen, da solche eine wesentliche Erniedrigung der Kerbschlagzähigkeit verursachen können. Insbesondere muß der Kerbgrund sehr sauber ausgeführt sein. Der Kerb kann eingefräst und eingeschliffen oder gebohrt und aufgesägt werden, wobei auch die Bohrung ausgeschliffen werden sollte.

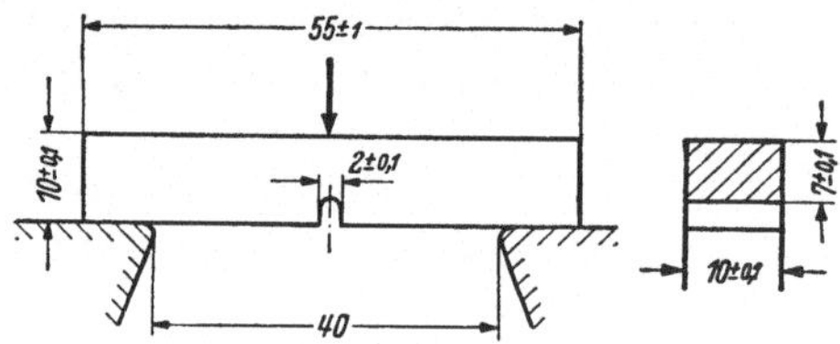

Bild 55. DVM-Probe

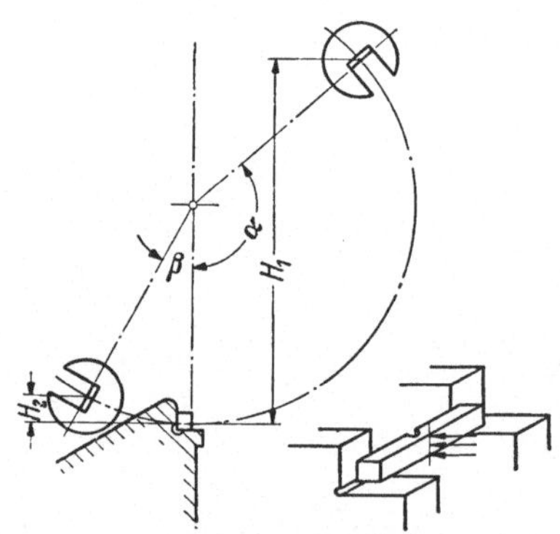

Bild 56. Versuchsanordnung

Probenform: Man benutzt zahlreiche Probenkörper verschiedener Gestalt und Abmessungen. In DIN 50115 sind u. a. folgende Proben festgelegt:

DVM-Probe[1] als übliche Probe,
DVMF-Probe (DVM-Flachkerbprobe),
DVMK-Probe (DVM-Kleinprobe),
ISO-Probe[2].

---

[1] DVM = Deutscher Verband für die Materialprüfungen der Technik.
[2] ISO = International Organization for Standardization.

Die übliche Probe ist die DVM-Probe (Bild 55). Die ISO-Probe unterscheidet sich von ihr nur durch eine größere Kerbtiefe (5 mm), wodurch der Kerbeinfluß verschärft wird, während bei der DVMF-Probe durch eine größere Kerbausrundung die Kerbwirkung stark gemildert wird. Die DVMK-Probe wird nur angewendet, wenn das Material für die Herstellung einer DVM-Probe nicht ausreicht.

Zur Ausführung des Kerbschlagbiegeversuches haben sich *Pendelschlagwerke* (Bild 56 und 57) als besonders geeignet erwiesen. Der Hammer schwingt aus einer eingestellten Höhe H_1 herab. Aus Fallhöhe und

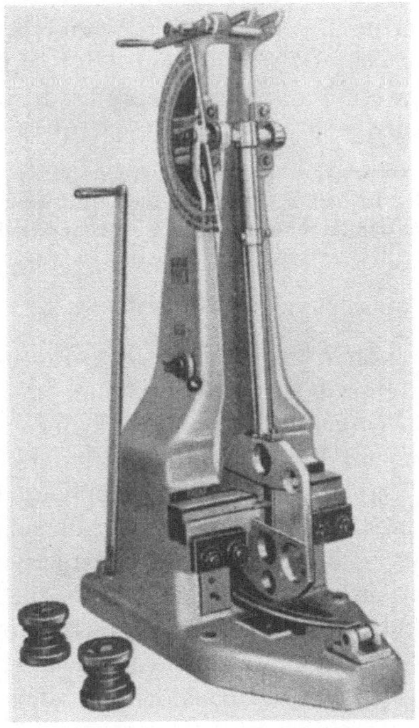

Bild 57. Pendelschlagwerk (Losenhausen)

Hammergewicht ergibt sich sein Arbeitsinhalt. Er trifft auf den in der Maschine waagerecht gelagerten Probekörper in der Mitte seiner dem Kerb gegenüberliegenden Fläche und durchschlägt ihn beim Durchschwingen des tiefsten Punktes. Sein Arbeitsinhalt ist so bemessen, daß der Hammer nach Durchschlagen des Probekörpers weiter bis zur Höhe H_2 durchschwingt; dadurch ist es möglich, die verbrauchte Arbeit genau zu bestimmen.

Die verbrauchte Arbeit ist, wenn G das Gewicht (Masse) des Hammers in kg ist,

$$A = 9{,}807\,(G\,H_1 - G\,H_2) = 9{,}807\,G\,(H_1 - H_2)\;[\text{J}].$$

Die Arbeit A kann an der Maschine aus einer Winkelskala abgelesen werden, die die Reibungsverluste (Lagerreibung und Luftwiderstand) berücksichtigt.

Pendelschlagwerke werden in verschiedenen Größen gebaut, entsprechend dem unterschiedlich erforderlichen Arbeitsaufwand bei den einzelnen Werkstoffen und Probenformen. Bei den metallischen Werkstoffen liegt der Arbeitsinhalt der Pendelschlagwerke etwa im Bereich von 4 J bis 295 J. Die kleineren Schlagwerke (etwa von 4 J bis 50 J) kommen für Leichtmetalle und deren Legierungen in Frage, die größeren für Stahl und Stahlguß. Durch Zusatzgewichte am Hammer kann der Meßbereich des Gerätes jeweils erweitert werden.

Für die Wiederholbarkeit der Ergebnisse ist neben der Einheitlichkeit der Probenform auch eine Übereinstimmung aller übrigen Meßbedingungen erforderlich. DIN 51222 enthält Richtlinien für die Ausführung der Schlagwerke, um eine Vereinheitlichung des Prüfungsverfahrens zu erreichen.

Man kann für alle vorerwähnten Schlagversuche auch Fallwerke verwenden, sie sind aber wegen der in den Führungsbahnen auftretenden Reibung und der Energieaufnahme durch den Amboß ungenau in ihrem Ergebnis.

1.3. Schwingende Dauerbeanspruchungen.

1.3.1. Grundlagen und Wöhler-Kurve.
Schwingende Dauerbeanspruchungen sind durch eine dauernd wiederholte, im allgemeinen gesetzmäßig verlaufende Spannungsänderung gekennzeichnet. Sie können, wie eingangs gesagt, mit Zug-, Druck-, Biegungs- und Verdrehungswirkung auftreten. Dabei sind die Spannungen, die die Werkstoffe dauernd aushalten können, ohne zu Bruch zu gehen, kleiner als die Festigkeiten σ_B bzw. τ_B. Da schwingende Dauerbeanspruchungen bei fast allen Konstruktionsteilen auftreten, gleichgültig wie diese sonst noch beansprucht sind, sind Festigkeitswerte für ihre Berechnung entscheidend, die der schwingenden Belastung Rechnung tragen. Der wichtigste Kennwert ist die im Dauerschwingversuch ermittelte *Dauerschwingfestigkeit*.

Für den Dauerschwingversuch gelten folgende Normen:
DIN 50100 Dauerschwingversuch: Begriffe, Zeichen, Durchführung, Auswertung,
DIN 50113 Umlaufbiegeversuch,
DIN 50142 Dauerbiegeversuch für Leichtmetalle: Flachbiegeversuch.

Bei periodischem Verlauf der Spannungen, der auch in der Praxis häufig vorliegt, pendeln die Spannungswerte zwischen zwei Grenzwerten um eine Mittelspannung σ_m. Der obere Grenzwert, die Oberspannung σ_0, ist der größte auftretende Spannungswert, unabhängig vom Vorzeichen; der untere Grenzwert, die Unterspannung σ_u, ist der kleinste, unabhängig vom Vorzeichen. σ_u kann gleich Null oder positiv (Zug) oder negativ (Druck) sein. Positive oder negative Spannungsmittelwerte sind Vorspannungen; bei Biegungs- und Verdrehungsbeanspruchung ist nicht von Vorspannungen mit verschiedenen Vorzeichen zu sprechen.

Die genannten Grenzspannungen stehen zu der Mittelspannung in folgender Beziehung:

$$\sigma_m = \frac{1}{2}\,(\sigma_0 + \sigma_u)\,.$$

wobei die Vorzeichen von σ_0 und σ_u zu berücksichtigen sind.

Im Dauerschwingversuch wird nun zu einer gegebenen Mittelspannung σ_m derjenige größte Spannungsausschlag $\pm\,\sigma_a$[1] gesucht, den eine Probe „unendlich oft" ohne Bruch und ohne unzulässige Verformung ertragen kann (DIN 50100). Die betreffende Spannung ist die *Dauerschwingfestigkeit* oder auch kurz *Dauerfestigkeit* σ_D. Aus der Definition geht hervor, daß ein Werkstoff nicht nur einen Dauerfestigkeitswert besitzt, sondern je nach Wahl der Mittelspannung σ_m beliebig viele.

Kennwerte für die Dauerfestigkeit

bei Zug-Druck-Beanspruchung: $\sigma_D = \sigma_m \pm \sigma_A$[1] ,
bei Biegung: σ_{bD}, bei Verdrehung: τ_D .

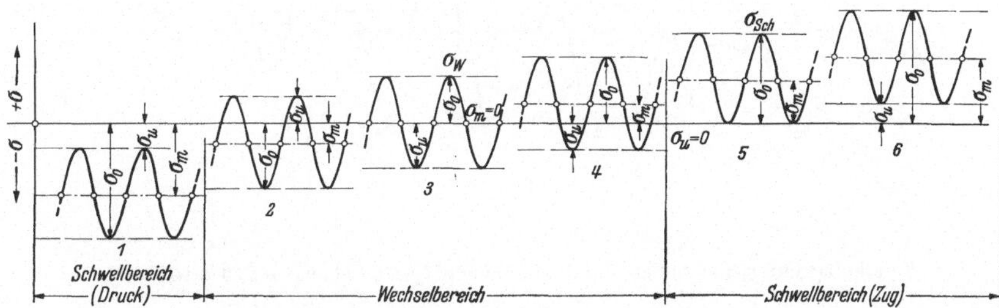

Bild 58. Spannungsausschläge und Spannungskennwerte

In Bild 58 sind 6 Beanspruchungsfälle dargestellt. Sie unterscheiden sich nur durch die Höhe der Vorspannung, ergeben aber jeweils verschiedene Dauerfestigkeitswerte σ_D (bzw. σ_{bD}, τ_D). Sie zeigen unter Voraussetzung von Zug-Druck-Beanspruchungen im einzelnen folgende Eigenheiten:

1)[2] Die Vorspannung ist negativ, der Spannungsausschlag ist kleiner als die Vorspannung. Es treten nur Druckspannungen auf, beide Grenzspannungen σ_0 und σ_u sind Druckspannungen.

2) Die Vorspannung ist negativ, der Spannungsausschlag ist größer als die Vorspannung. Es treten Druck- und Zugspannungen auf, die Oberspannung σ_0 ist eine Druckspannung, die Unterspannung σ_u ist eine Zugspannung.

3) Die Vorspannung ist Null, die beiden Grenzspannungen haben den gleichen Wert. Diese Beanspruchung ergibt die Wechselfestigkeit σ_W $(= \sigma_0 = \sigma_u)$.

---

[1] Beanspruchungswerte erhalten kleine, Festigkeitswerte große Indizes.
[2] Die Zahlen beziehen sich auf die Belastungsfälle in Bild 58.

4) Die Verhältnisse liegen wie bei *2* mit umgekehrten Vorzeichen.

5) Die Vorspannung ist positiv, der Spannungsausschlag ist gleich der Vorspannung. Es treten nur Zugbeanspruchungen auf, der untere Grenzwert ist Null. Diese Beanspruchung ergibt die Schwellfestigkeit σ_{Sch} ($\sigma_{Sch} = 2\,\sigma_m$). Der entsprechende Belastungsfall kann auch im Druck-Schwellbereich auftreten (σ_{dSch}).

6) Die Verhältnisse liegen wie bei *1* mit umgekehrten Vorzeichen.

Die Spannungsgrenzwerte für diese verschiedenen Belastungsfälle werden im Dauerfestigkeitsschaubild dargestellt (Bild 59). In Ordinatenrichtung werden die Werte der Dauerfestigkeiten aufgetragen, und zwar im Achsenkreuz die Wechselfestigkeit σ_W nach oben und unten als Aus-

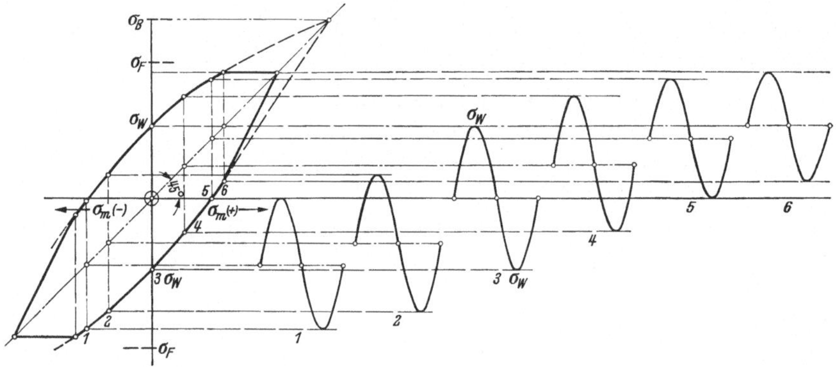

Bild 59. Dauerfestigkeits-Schaubild. Die Zahlen *1—6* entsprechen denen in Bild 58

schläge um den Spannungsnullwert. In gleicher Weise werden bei Schwingungen mit Vorspannung die Ausschläge nach oben und unten um ihre Mittelwerte auf einer Linie aufgetragen, die durch das Achsenkreuz unter 45° gezogen wird. Da diese Linie der Vorspannung unter 45° gezogen ist, kann man die Vorspannung auch an der Abszisse abgreifen. Die Punkte der Grenzspannungen ergeben die Dauerfestigkeits-Grenzkurven. Innerhalb dieser Grenzkurven liegen die zulässigen Dauerbelastungen für die einzelnen Belastungsfälle. Die Vorspannungslinie und die beiden Grenzspannungskurven laufen im Punkt σ_B zusammen. Für die Beanspruchung eines Werkstoffes darf aber die Fläche zwischen seinen Grenzkurven über σ_F nicht ausgenutzt werden, da ein Überschreiten der Fließgrenze[1] unzulässig ist. Das Schaubild wird also in der Ordinatenrichtung oben und unten durch je eine Waagerechte dicht unter den Fließgrenzenspannungen begrenzt. Diese Kurven und Begrenzungslinien ergeben für größere Vorspannungen stark abnehmende Spannungsausschläge der Dauerfestigkeitswerte.

Auf diese Weise sind Dauerfestigkeitsschaubilder für Zug-Druck-,

---

[1] „Fließgrenze" ist hier Oberbegriff im Sinne der Fußnote S. 8.

Biege- und Verdrehungsbeanspruchungen zu bilden, wobei zu beachten ist, daß bei Zug-Druck die Streck- bzw. Quetschgrenze, bei Biegung und bei Verdrehung die entsprechenden Fließgrenzen einzusetzen sind.

Die Dauerfestigkeitswerte liegen bei Biegebeanspruchung im allgemeinen höher als bei reiner Zug-Druck-Beanspruchung, da bei Biegung infolge des Spannungsgefälles (vgl. Bild 44) nicht der ganze Querschnitt, sondern nur die äußersten Randzonen hoch beansprucht werden. — Bei Verdrehungsbeanspruchung sind die ertragbaren Spannungswerte am niedrigsten.

Bei Stählen gleichen sich im wesentlichen der Zugbereich und der Druckbereich der Dauerfestigkeitsschaubilder, während diese Bereiche

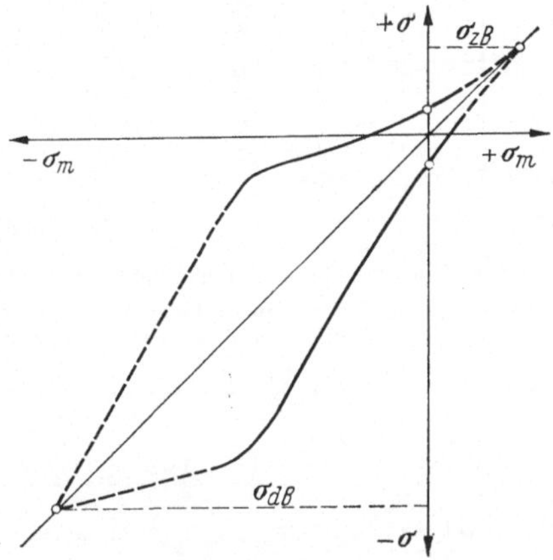

Bild 60. Dauerfestigkeitsschaubild (Zug-Druck) für Grauguß
mit lamellarem Graphit

bei Grauguß mit lamellarem Graphit stark voneinander abweichen (Bild 60). Das ist darauf zurückzuführen, daß von diesem Werkstoff Druckspannungen in weit höherem Maße ertragen werden können als Zugspannungen. Jede Graphitlamelle wirkt nämlich wie ein kleiner innerer Riß, an dem bei Zugbeanspruchung hohe (Zug-)Kerbspannungen auftreten (vgl. Abschnitt 1.1.7.).

Die Grundlagen der Dauerprüfung wurden etwa 1860 von Wöhler geschaffen. Nach ihm wird das Verfahren in folgender Weise durchgeführt:

Ein erster Probestab wird in wiederholtem Lastwechsel mit einer Spannung beansprucht, die nach einer gewissen Zahl von Wiederholungen sicher den Bruch herbeiführt. Einem zweiten Probestab gibt man eine geringere Beanspruchung, und er bricht erst nach einer größeren Zahl von Lastwechseln. Zwei Lastwechsel stellen ein *Lastspiel* dar. Die Beanspruchung wird mit zunehmend geringeren Spannungen fortgesetzt, bis der Stab bei einer bestimmten Belastung nicht mehr bricht. Die dieser

Belastung entsprechende Spannung ist die Dauerfestigkeit σ_D bzw. τ_D. In dem Beanspruchungsfall 3 (Bild 58 und 59) heißt die Dauerfestigkeit *Wechselfestigkeit* (σ_W), im Beanspruchungsfall 5 *Schwellfestigkeit* (σ_{Sch}) (vgl. oben).

Man erhält diese Festigkeiten, wenn man durch die Versuchspunkte in einem Koordinatensystem eine Kurve legt, die Wöhler-Kurve; diese nähert sich asymptotisch dem Spannungswert, der die Dauerfestigkeit darstellt (Bild 61).

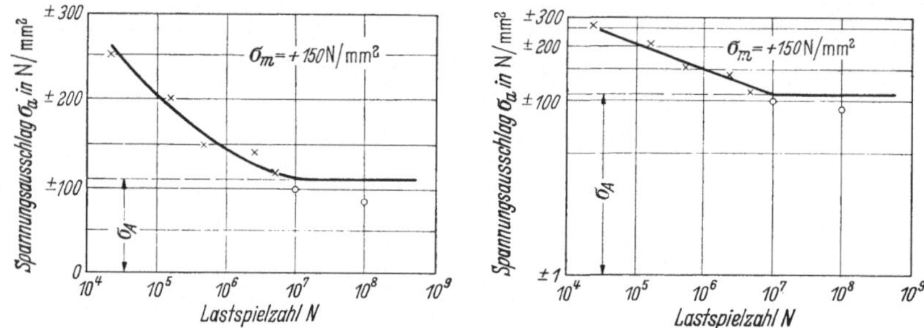

Bild 61. Halblogarithmisches Koordinatensystem   Bild 62. Logarithmisches Koordinatensystem

Bilder 61 u. 62. Wöhler-Kurve in verschiedenen Koordinatensystemen
$\sigma_{bD} = \sigma_m \pm \sigma_A = + 150 \pm 110$ N/mm², $\times$ Probe gebrochen, o Probe nicht gebrochen

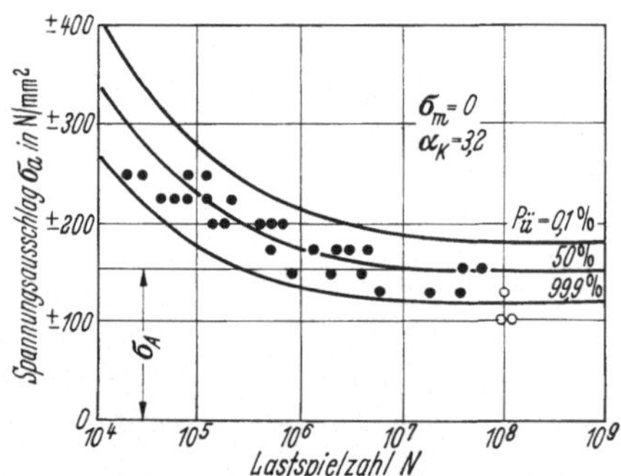

Bild 63. Wöhler-Kurve mit Linien verschiedener Überschreitenswahrscheinlichkeiten,
gekerbte Probestäbe mit Kerbfaktor $\alpha_k = 3{,}2$
$\sigma_D = \pm 155$ N/mm². Werkstoff: Titan Ti-6Al-4V

Da man die Untersuchung nicht bis ins Unendliche ausdehnen kann, nutzt man die Erfahrung aus, daß jenseits einer gewissen Lastspielzahl kein Bruch mehr auftritt. Diese Zahl nennt man *Grenzlastspielzahl*; sie liegt für Stahl bei etwa 10×10^6. Bei der Prüfung von Leichtmetallen ergibt sich im allgemeinen keine eigentliche Grenzlastspielzahl, da hier die Wöhler-Kurve mit steigender Lastspielzahl immer weiter fällt und sich asymptotisch der Null-Achse nähert. Für die Angabe einer Dauerfestigkeit bei diesen Werkstoffen nimmt man eine Lastspielzahl von etwa $100 \cdot 10^6$ als Grenzlastspielzahl an. Die betreffenden Grenzlastspielzahlen sollten stets mit angegeben werden.

Die Wöhler-Kurve im logarithmischen Koordinatensystem ergibt zwei gerade Linien, die sich bei der Grenzlastspielzahl schneiden (Bild 62).

Spannungswerte σ_D für Bruch-Lastspielzahlen unterhalb der Grenzlastspielzahl bezeichnet man als Zeit(schwing)festigkeit. Bei der Zeitfestigkeit ist die Bruch-Lastspielzahl mit anzugeben.

Nach DIN 50100 sind für die Ermittlung der Wöhler-Kurve 6 bis 10 Probestäbe vorgesehen. Für viele Fälle der Praxis reicht die verhältnismäßig geringe Aussagesicherheit der mit dieser Probenzahl aufgestellten Wöhler-Kurve aus; genauere Untersuchungen erfordern jedoch eine Probenzahl von mindestens 30, wobei man es vorzieht, die Versuchswerte analytisch mit Hilfe von statistischen Modellverteilungen (z. B. Extremwert-Verteilung) auszuwerten, um gleichzeitig eine Abschätzung der Aussagefähigkeit der Ergebnisse zu bekommen. Diese genaue Auswertung ist insbesondere dann erforderlich, wenn Bauteile auf eine bestimmte Lebensdauer ausgelegt werden, d. h. wenn mit Zeitfestigkeitswerten gerechnet wird. Bild 63 zeigt eine derartige Wöhler-Kurve. Die eingezeichneten — berechneten — Linien geben an, welche Werte in 0,1%, 50% oder 99,9% aller Fälle überschritten werden (Aussagesicherheit 99,9%). Für die Untersuchung wurden in diesem Fall gekerbte Probestäbe verwendet, um den Einfluß von Kerben auf die Dauerfestigkeit von Titan zu ermitteln. Der Faktor α_k charakterisiert die Kerbe. Er gibt an, um wieviel die Spannungsspitze im Kerbgrund über der Nennspannung liegt.

Bei Betriebsbeanspruchungen treten außer der normalen Dauerbeanspruchung vereinzelt oder auch häufiger Überbelastungen verschiedener Höhe auf. Sie sind bis zu einer gewissen Höhe und Häufigkeit während der Gesamtbenutzungsdauer eines Maschinenteils ohne Bedeutung. Für jede derartige Überbeanspruchung gibt es eine gewisse Lastspielzahl, die noch keine Schädigung, insbesondere keine Herabsetzung der Dauerfestigkeit hervorruft; im Schaubild dargestellt ergeben diese Spannungen eine Kurve, die man als Schadenslinie bezeichnet. Die Schadenslinie liegt unterhalb der Wöhler-Kurve und läuft im Gebiet der Dauerfestigkeit mit dieser zusammen.

Kurzprüfverfahren: Es wurde, um Zeit zu sparen, eine Reihe von Kurzprüfverfahren entwickelt. Die mit diesen Verfahren ermittelten Dauerfestigkeitswerte weichen in der Regel jedoch mehr oder weniger stark von den im normalen Wöhler-Versuch ermittelten Werten ab. Für den erfahrenen Prüfer können Kurzversuche eine wertvolle Hilfe sein und die Anzahl der Einzelprüfungen verringern.

Bei der Herstellung von Probestäben für Dauerschwingversuche ist besondere Sorgfalt auf die Bearbeitung der Oberfläche zu legen. Es dürfen keine Bearbeitungsriefen oder irgendwelche Oberflächenverletzungen vorhanden sein, weil dadurch — infolge von Kerbwirkung — die Dauerfestigkeit ganz erheblich herabgesetzt werden würde. Die Stäbe sind deshalb zu polieren.

Dauerfestigkeitsprüfungen werden in der Regel an genormten Probestäben durchgeführt, es werden aber auch Rohre, Profile, geschweißte Teile oder sogar komplette Baugruppen geprüft. Dauerfestigkeitswerte, ermittelt an fertigen Bauteilen, werden mit „Gestaltsfestigkeit" oder „Betriebsfestigkeit" bezeichnet.

Das Dauerbruchbild (Bild 64) zeigt folgende Erscheinungen: Eine Anrißstelle, von der der Dauerbruch ausgegangen ist, und anschließend die verhältnismäßig glatte Dauerbruchzone ohne Verformung, in der der Dauerbruch fortgeschritten ist bis zu der Restbruchzone. Hier ist der Werkstoff durch Überschreitung der statischen Festigkeit infolge Abnahme des noch tragenden Querschnittes im Gewaltbruch gerissen und zeigt die vom Zug- bzw. Biegebruch bekannten Verformungserscheinungen. In der Dauerbruchzone sind Rastlinien zu erkennen, in denen das Fortschreiten des Dauerbruches durch Beanspruchungsänderung (Senkung oder Steigerung) verändert wurde.

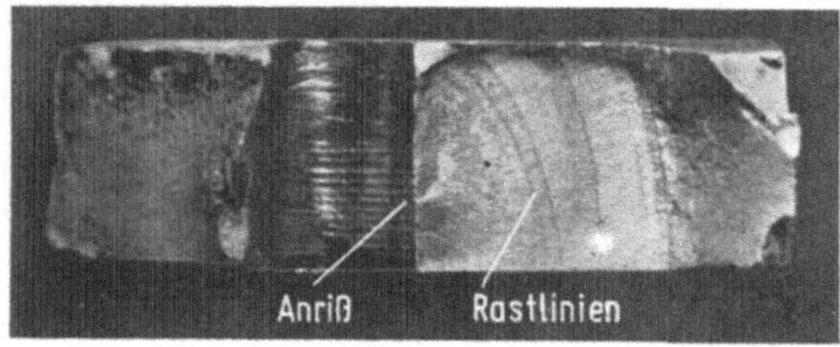

Bild 64. Dauerbruchbild

Anrisse entstehen an Stellen örtlicher Überlastung infolge von Kerbwirkung, inneren Spannungen oder an Stellen örtlicher Schwächung durch Werkstoffehler, Verletzungen der Oberfläche, Korrosion u. dgl. Für die Praxis bedeutet das, daß Konstruktionsteile mit Kerben (z. B. Federnuten, Ölbohrungen, Schweißfehler wie Haarrisse, Schlackeneinschlüsse, Randkerben usw.) oder mit schroffen Querschnittsübergängen hinsichtlich der Dauerfestigkeit sehr ungünstig liegen. Rechnerisch kann der Kerbeinfluß näherungsweise durch die Kerbwirkungszahl β_k berücksichtigt werden. β_k ist definiert als das Verhältnis der Dauerfestigkeit des polierten Probestabes zur Dauerfestigkeit eines gekerbten Probestabes (Vgl. Bild 63).

1.3.2. Dauerprüfmaschinen

a) Zug-Druck-Dauerprüfmaschinen. Die Bilder 65 und 66 zeigen Ansicht und Schema eines Zug-Druck-Pulsers der Bauart Schenck-Erlinger.

Aus Bild 66 ist die Wirkungsweise dieser Maschine ersichtlich: Mit Spindel a kann über die Vorspannfeder b der Probestab c mit einer Zug- bzw. Druckspannung vorbelastet werden. Die schwingende Beanspruchung wird erzeugt durch die Schwingung der Schwingmasse e und der Feder f, die in der Nähe der Eigenschwingungszahl arbeitet, jedoch unterhalb der Spitze der Resonanzkurve. Die Schwingungen werden eingeleitet durch den Fliehkrafterreger g, der über eine biegsame Welle von einem im Bett befindlichen Gleichstrommotor h angetrieben wird. Durch Ände-

46

Bild 65. Zug-Druck-Dauerprüfmaschine (Bauart Schenck-Erlinger)

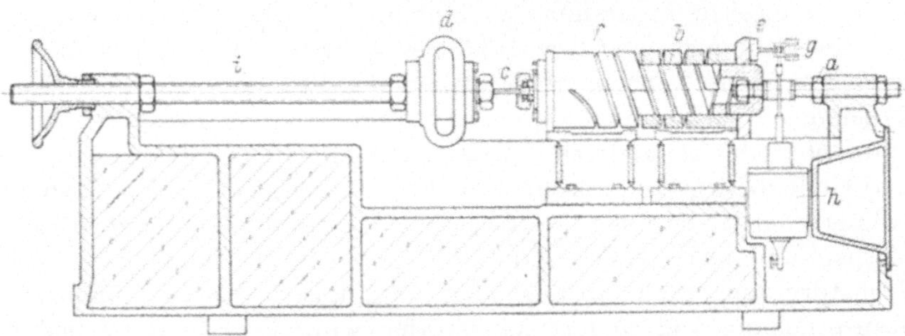

Bild 66. Schema der Dauerprüfmaschine Bild 65

a Verstellung der Mittellast, *b* Mittellastfeder, *c* Probe. *d* Kraftmesser mit Regeleinrichtung, *e* Schwingmasse, *f* Schwinglastfeder, *g* Fliehkrafterreger, *h* Antriebsmotor, *i* Verstellung nach Probenlänge

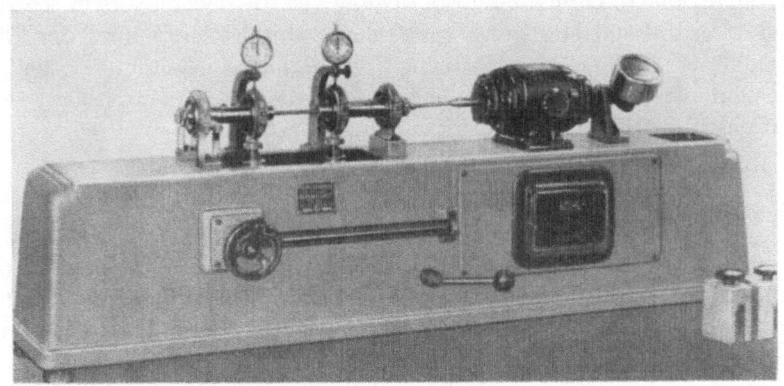

Bild 67. Dauerbiegemaschine (Bauart Schenk)

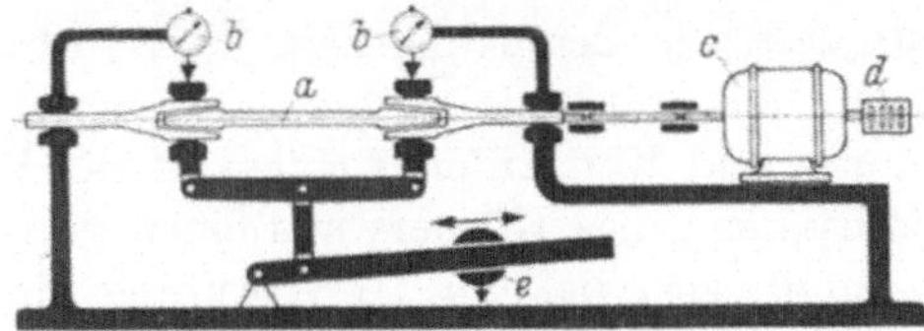

Bild 68. Schema der Dauerbiegemaschine Bild 67

a Probestab, *b* Meßuhren zur Kontrolle des Rundlaufes, *c* Antriebsmotor, *d* Zählwerk, *e* Belastungsvorrichtung

rung der Umdrehungszahl des Fliehkrafterregers läßt sich die Größe des Spannungsausschlages ändern. Die auf die Probe wirkenden Kräfte werden durch einen Ringkraftmesser d gemessen. Die verstellbare Spindel i gestattet die Prüfung von Probestäben verschiedener Länge.

Mit dieser Maschine lassen sich alle in Betracht kommenden Fälle der Dauerfestigkeiten (vgl. Bild 58) ermitteln sowie mit Hilfe von Sondereinspannvorrichtungen auch Flachbiege- und Torsions-Dauerprüfungen vornehmen. Die Höchstlast beträgt bei dieser Bauart 2, 6, 20 und 60 t, die Prüfgeschwindigkeiten liegen zwischen 2000 und 2600 Lastspielen je Minute.

Zug-Druck-Pulser werden auch in senkrechter Ausführung hergestellt.

Neben Maschinen mit mechanischer Unwuchterregung werden auch solche mit hydraulischem und elektromagnetischem Antrieb gebaut.

Neuere Maschinen erlauben es, mit den Proben bzw. mit den zu prüfenden Bauteilen Programme zu fahren, d. h. die Mittelspannung σ_m und die Spannungsausschläge σ_a können während des Versuches in vorgegebener Weise kontinuierlich variiert werden. Damit können Beanspruchungen nachgeahmt werden, wie sie z. B. in der Praxis bei einem Automobil oder bei anderen Geräten auftreten.

b) Umlauf-Biege-Dauerprüfmaschinen beanspruchen einen Stab so, daß bei jeder Umdrehung jede Faser einer von Null bis zu einer Höchstzugspannung ansteigenden, dann abnehmenden, über Null bis zu einer Höchstdruckspannung ansteigenden und danach wieder abfallenden Beanspruchung und so fort unterworfen wird. Die Bilder 67 und 68 zeigen eine Dauerbiegemaschine der Bauart Schenck.

c) Bei den Verdrehungs-Schwingmaschinen wird mit einem besonderen Getriebe die umlaufende Bewegung des Antriebsmotors in schwingende Verdrehungsbewegung verwandelt. Durch Verstellung der Einspannköpfe können die Proben Vorspannung erhalten. Besondere Einspannvorrichtungen ermöglichen es, auf diesen Maschinen auch Prüfungen mit Flachbiegebeanspruchung auszuführen.

1.4. Härteprüfung

Bedeutung der Härteprüfung: Die Härteprüfung dient nicht nur zum Messen der Härte gehärteter Teile, sie ist auch auf zahlreichen Gebieten der Fertigungskontrolle als eine zerstörungsfreie Prüfung zu einem der wichtigsten Prüfverfahren geworden, da sich aus der Härte die Zugfestigkeit mit einer für die meisten Fälle der Praxis hinreichenden Genauigkeit errechnen läßt (vgl. Abschn. 1.4.7.). Aus ihr kann man auch auf die Druckfestigkeit, die Zerspanbarkeit, Verformbarkeit und ähnliches schließen.

Begriffsbestimmung und Kennziffern: Härte ist der Widerstand, den ein Stoff dem Eindringen eines Körpers aus einem härteren Stoff entgegensetzt. Demgemäß wird bei der Härteprüfung ein Prüfkörper in den zu prüfenden Werkstoff eingedrückt und ein teils elastischer teils plastischer Eindruck erzeugt. Von Einfluß sind hierbei die Form und

48

Größe des eindringenden Körpers und die Art und Höhe der Belastung. Hierin unterscheiden sich die gebräuchlichen Härteprüfverfahren.

Bei diesen Prüfungen wird nur *eine* Kennziffer ermittelt: Die *Härtezahl H*. Sie ist abhängig von der Eigenart des Prüfverfahrens, d. h. man erhält bei den verschiedenen Prüfverfahren für denselben Werkstoff unterschiedliche Härtezahlen. Die Kennziffern werden bei den einzelnen Verfahren erklärt.

Statische und dynamische Härteprüfverfahren: Die wichtigsten statischen Härteprüfverfahren sind die Verfahren nach Brinell, Vickers und Rockwell. Bei ihnen wird der Prüfkörper langsam (statisch) in das zu prüfende Werkstück gedrückt. Wegen der guten Wiederholbarkeit ihrer Ergebnisse haben die statischen Verfahren den weitesten Anwendungsbereich gefunden.

Bei den dynamischen Versuchen gilt es nur, möglichst schnell und an beliebigem Arbeitsplatz Vergleichswerte zu erhalten. Dies geschieht entweder durch Einschlagen eines Prüfkörpers in die Werkstückoberfläche oder durch Bestimmung der Rücksprunghöhe eines solchen.

1.4.1. Härteprüfung nach Brinell (DIN 50351) Das Schema der Versuchsanordnung zeigt Bild 69: Eine *Stahlkugel* bestimmten Durchmessers D wird mit einer *genormten Prüfkraft P* in das zu prüfende Werkstück gedrückt und erzeugt dabei einen kalottenförmigen Eindruck.

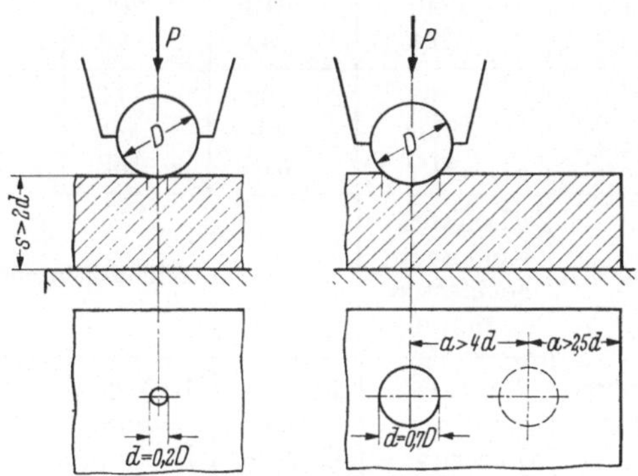

Bild 69. Brinell-Härteprüfung

Aus der Prüfkraft P und der bleibenden Eindruckfläche (Kalottenoberfläche) O wird die Brinell-Härte HB bestimmt (Formel vgl. S. 51). Die elastischen Verformungen der Stahlkugel und der Probe bleiben unberücksichtigt.

Je nach der Größe der Last wird die Kugel verschieden tief eingedrückt. Dabei ergeben sich einander nicht vollkommen ähnliche Oberflächen und auch andere Spannungsverteilungen, so daß die aus verschieden tiefen Eindrücken erhaltenen Härtewerte sich unter Umständen stark unterscheiden können. Für jeden Fall der Prüfung eines bestimmten Werkstoffs oder Werkstücks werden daher Kugeldurchmesser und Prüfkraft nach folgenden Maßgaben gewählt: Für den Kugeldurchmesser ist die Probendicke und die je nach den Umständen zulässige Größe des Kugeleindrucks bestimmend. Die Belastung muß so groß sein, daß d zwischen 0,2 D und 0,7 D liegt. In diesen Grenzen sind die entstehenden Eindrücke noch genügend ähnlich und die Härtezahlen vergleichbar. Um bei harten und weichen Werkstoffen die Eindrücke in den angegebenen Grenzen zu halten, werden verschiedene Prüfkräfte angewendet, die für bestimmte Werkstoff-Gruppen ein bestimmtes Vielfaches von D^2 sind.

Genormte Werte für Kugeldurchmesser und Prüfkräfte zeigt Tabelle 3. Aus der Tabelle ergibt sich auch, für welche Werkstoffe (je nach Härte) die angegebenen Belastungsfälle in Betracht kommen und wie groß der Eindruckdurchmesser d sein darf.

Tabelle 3

Kugel-$\varnothing$ D in mm	Eindruck-$\varnothing$ d in mm	Prüfkraft P in N				
		$0{,}102\dfrac{P}{D^2}=30$ [1]	10	5	2,5	1,25
10	2,0···7,0	29 420	9800	4900	2450	1225
5	1,0···3,5	7 355	2450	1225	613	306,5
2,5	0,5···1,75	1840	613	306,5	153,2	76,6
1	0,2···0,7	294	98	49	24,5	12,25
Erfaßbarer Härtebereich HB		67 bis 450	22 bis 315	11 bis 158	6 bis 78	3 bis 39
Bevorzugt anzuwenden bei der Härteprüfung von		Eisenwerkstoffen und hochfesten Legierungen	Nichteisenmetallen			
		Weicheisen Stahl Stahlguß Temperguß Gußeisen Ti-Legierungen nochwarmfeste Ni- u. Co-Legierungen	Leichtmetall Guß- u. Knetlegierungen Spritzgußlegierungen Kupfer Messing Bronze Nickel	Reinaluminium Magnesium Zink Gußmessing	Lagermetall	Blei Zinn Weichmetall

[1] Der Faktor 0,102 ergibt sich aus der Umrechnungsbeziehung 1 N $\triangleq$ 0,102 kp. Er wurde eingeführt, um bei der Umstellung des Maßsystems (vgl. Vorwort) die Härtewerte unverändert lassen zu können.

Die Anwendung dieses Härteprüfverfahrens ist beschränkt auf Werkstoffe mit Zugfestigkeiten unter ungefähr 1500 N/mm², entsprechend einer Brinell-Härte von etwa 450 HB. Bei Werkstoffen mit höheren Härten besteht die Gefahr, daß der Brinell-Eindringkörper, bestehend aus gehärtetem Stahl oder gesintertem Hartmetall, verformt oder zerstört wird.

Vorbereitung des Probekörpers: Die Prüfstelle der Proben oder der zu prüfenden Werkstücke muß so bearbeitet werden, daß eine ebene Fläche entsteht, die mindestens $2 \cdot D$ im Durchmesser groß ist. Bei kleinen Eindrücken, deren Durchmesser mit starker optischer Vergrößerung ausgemessen werden muß, muß die Oberfläche fein geschliffen oder sogar anpoliert werden, um die Ablesefehler genügend niedrig zu halten.

Durchführung der Prüfung: Die Probe oder das Werkstück wird auf den Prüftisch des Prüfgerätes gelegt (DIN 51200) und die Belastung gleichmäßig und stoßfrei in etwa 5 s bis auf die notwendige Höhe gesteigert. Die zu prüfenden Teile sollen so lange unter der Prüflast verbleiben, bis das Fließen des Werkstoffs beendet ist. Für Stahl und Grauguß genügen im allgemeinen 10 s; bei stark fließenden Werkstoffen, wie z. B. Blei, Zink und deren Legierungen, sind 30 s und mehr erforderlich.

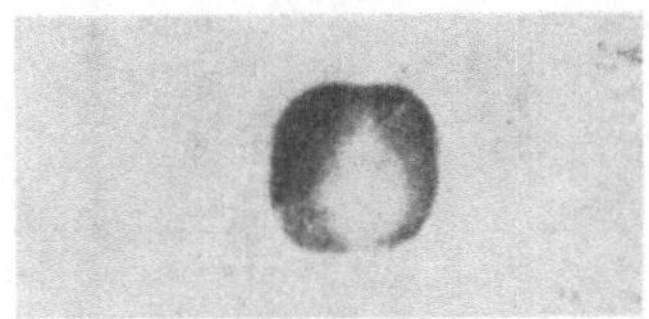

Bild 70. Unrunder Kugeleindruck (vergrößert)

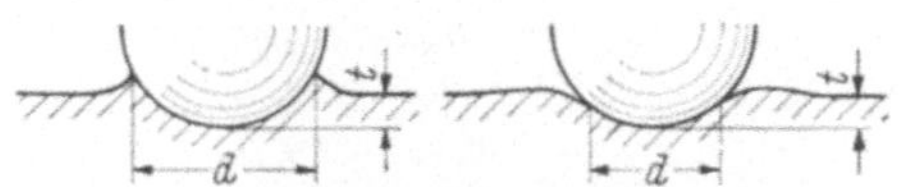

Bild 71. Wulstbildung und Nachziehen beim Kugeleindruck

Nach der Entlastung wird mittels einer Meßvorrichtung (Meßmikroskop, Meßschiene, Winkelschablone u. dgl.) der Durchmesser d des Eindrucks auf $\pm\,0{,}5\%$ genau gemessen. Bei unrunden Eindrücken, wie sie bei grobkristallinen Werkstoffen oder bei Werkstoffen mit Walz- oder Schmiedefaser auftreten (Bild 70), werden zwei rechtwinklig zueinander liegende Durchmesser gemessen und der Mittelwert bestimmt. Zur Bestimmung der Härte eines Werkstoffs sind mindestens zwei Eindrücke zu machen.

Bei den meisten plastischen Werkstoffen treten Randwülste am Eindruck auf, die den Eindruckdurchmesser größer erscheinen lassen und so eine zu geringe Härte vortäuschen; bei anderen Werkstoffen zieht sich der Eindruckrand ein, was eine zu hohe Härte erscheinen läßt (Bild 71). Beide meist geringen Fehler bleiben unberücksichtigt.

Die Härtezahl wird errechnet nach der Formel

$$HB = 0{,}102\,\frac{P}{O} = \frac{0{,}102 \cdot 2\,P}{\pi\,D\,(D - \sqrt{D^2 - d^2})} \qquad \text{((1))}$$

Härtewerte unter 25 werden auf eine Dezimale, ab 25 auf ganze Zahlen gerundet.

Auf Grund der Größen von P, D und d kann die Härtezahl auch Ta-

----

((1)) Vgl. Fußnote 1 S. 50.

bellen entnommen werden, die gewöhnlich den Härteprüfgeräten beigegeben sind.

Kennzifferangabe: Das Kurzzeichen für die Brinellhärte setzt sich
zusammen aus den Buchstaben HB, dem Kugeldurchmesser D in mm,
der mit 0,102 multiplizierten Prüfkraft P in N sowie der Einwirkdauer
der Prüfkraft in Sekunden. Kugeldurchmesser, Prüfkraft und Dauer
der Krafteinwirkung brauchen nur dann angegeben zu werden, wenn
sie von $D = 10$ mm, $P = 29420$ N und 10 bis 15 s abweichen. Eine
Dimension wird nicht angegeben.

Beispiele:

324 HB: Brinellhärte 324, $D = 10$ mm, $P = 29420$ N, Einwirkdauer der Prüfkraft 10 bis 15 s.

102 HB 5/125/20; Brinellhärte 102, $D = 5$ mm, $P = 1225$ N, Einwirkdauer der
Prüfkraft 20 s.

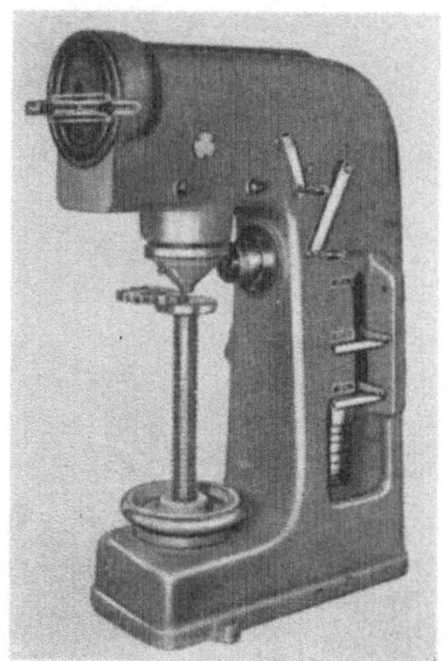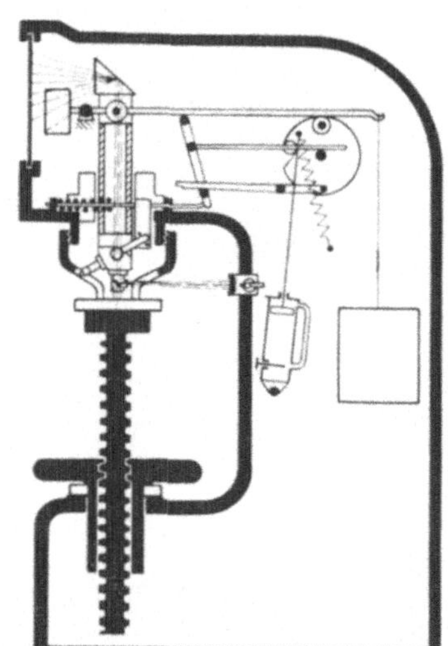

Bilder 72 u. 73. Härteprüfgerät zur Bestimmung der Brinell- und Vickers-Härte (Diatestor
der Firma Wolpert)

Die durch das Prüfgerät und -verfahren bedingte mittlere Meßunsicherheit[1] der Brinell-Härte beträgt etwa $\pm$ 3%.

Auf Abschnitt 1.4.5. wird besonders hingewiesen.

Prüfgeräte (DIN 51225): Für die Ermittlung der Brinell-Härte gibt
es besondere Prüfgeräte. Häufig werden aber solche verwendet, die
gleichzeitig Prüfungen nach Brinell, Vickers und Rockwell (vgl. weiter
unten) auszuführen gestatten (Bild 72 und 73).

---

[1] Als mittlere Meßunsicherheit ist nach DIN 50150 zu verstehen „die Unsicherheit, die den durchschnittlichen derzeitigen Betriebsbedingungen in der Industrie
für Nachprüfung einer Härte auf einheitlich harten Werkstücken mit verschiedenen Geräten und Prüfern entspricht. Bei sorgfältigster Überwachung und Ab-
stimmung der Geräte aufeinander kann die Unsicherheit auf wesentlich geringere
Werte hinabgedrückt werden". Die angegebenen Werte beziehen sich auf das Mittel
mehrerer Messungen; die Streuung der Einzelwerte ist nicht darin enthalten.

1.4.2. Härteprüfung nach Vickers (DIN 50133). Diese gleicht grundsätzlich der Brinell-Härteprüfung, doch ist der Eindringkörper eine regelmäßige *vierseitige Diamantpyramide* mit einem Winkel von 136° zwischen zwei einander gegenüberliegenden Flächen (Bild 74 und 75).

Aus der Gestalt und Härte des Eindringkörpers ergeben sich folgende Vorteile:

— Es können weiche und harte Werkstoffe geprüft werden, auch Werkstoffe mit $> 450\ HB$.

— Die Eindrücke verschiedener Tiefe sind einander ähnlich, so daß die Lasthöhe bei den üblichen Prüfkräften keinen Einfluß auf die Härtewerte hat, d. h. die mit verschiedenen Prüfkräften ermittelten Härtezahlen sind gleich und vergleichbar.

Bild 74. Vickers-Diamantspitze (vergrößert)

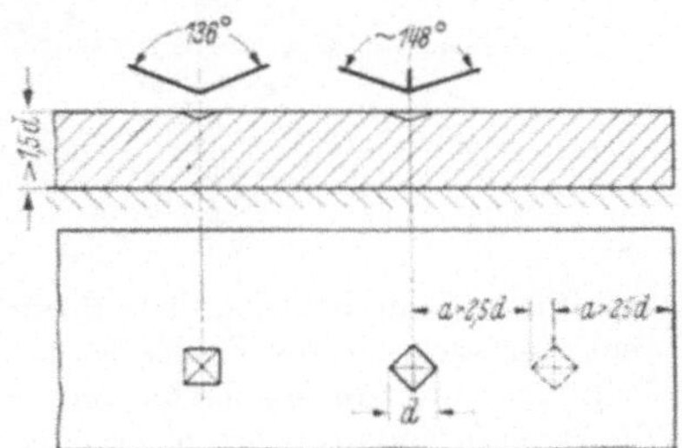

Bild 75. Vickers-Härteprüfung

Durch die Prüfkraft P wird in der Probe ein der Diamantpyramide entsprechender Eindruck erzeugt. Aus den nach der Entlastung gemessenen Diagonalen d des Eindrucks läßt sich die Eindruckoberfläche O in mm² bestimmen. Die elastischen Verformungen bleiben dabei unberücksichtigt. Aus P und O erhält man die Vickers-Härte HV (Formel vgl. S. 54).

Die Prüfkraft ist beliebig, sie liegt jedoch im allgemeinen bei 294 N. Höhere Lasten (bis zu 490 N, selten höher) werden angewendet, wenn ein großer Eindruck erwünscht ist, um z. B. bei grobkristallinem Werkstoff einen besseren Durchschnittswert zu erhalten. Kleinere Lasten dagegen verwendet man, wenn dünne Teile oder dünne Oberflächenschichten einsatzgehärteter, nitrierter oder plattierter Werkstücke geprüft werden sollen, oder solche Teile, die nur möglichst kleine, unter Umständen leicht abschleifbare Eindrücke erhalten dürfen. Bei Prüfkräften unter etwa 49 N sind die ermittelten Härtewerte nicht mehr lastunabhängig, da hier das Ergebnis schon stark durch die bei der Probenherrichtung hervorgerufene Oberflächenverfestigung und eine Reihe anderer Effekte beeinflußt werden kann.

Die Prüfkraft ist stets so groß wie möglich zu wählen, um einen großen Eindruck zu bekommen und dadurch den Meßfehler so klein wie möglich zu halten.

Vorbereitung des Probekörpers: Die Eindruckdiagonalen d haben Größen zwischen etwa 0,04 und 1 mm, sind also um eine Größenordnung kleiner als die Durchmesser der Brinell-Eindrücke (Bild 76). Dementsprechend muß die Prüffläche so fein geschliffen werden, daß sie eben und blank ist. Ihre Herrichtung muß um so sorgfältiger sein, je kleiner der zu erwartende oder gewünschte Eindruck ist. Dabei muß (insbesondere bei gehärteten und kaltverfestigten Teilen) jede Erwärmung der Oberfläche sorgfältig vermieden werden.

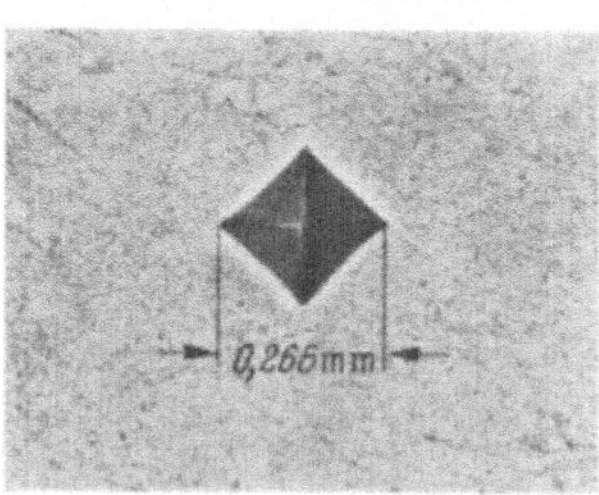

Bild 76. Vickers-Eindruck
in gehärtetem Stahl
(786 HV 30)

Durchführung der Prüfung: Die Probe oder das Werkstück muß satt und sicher auf dem Auflagetisch des Prüfgerätes aufliegen. Besonders ist dafür zu sorgen, daß Prüffläche und Auflagefläche senkrecht zur Druckrichtung liegen, da andernfalls die Diamantspitze abrutscht und der Eindruck nicht auswertbar ist; auch kann der Diamant dadurch Schaden leiden (DIN 51200).

Die Prüfkraft P wird gleichmäßig und stoßfrei in 15 s aufgebracht und in der Regel 10 bis 30 s auf dem Probekörper belassen. Zur Feststellung der Härte eines Werkstoffs sind mindestens zwei Eindrücke anzubringen und auszumessen.

Zur Ermittlung der Härtezahl werden nach Entlastung die beiden Eindruckdiagonalen d mittels eines Meßmikroskopes oder der am Gerät angebrachten optischen Einrichtung ausgemessen. Die Messung soll auf $\pm$ 1% genau sein. Die gemessenen Werte werden gemittelt und die Härtezahl HV errechnet aus

$$HV = 0{,}102\,\frac{P}{O} = P\,\frac{0{,}102 \cdot 2 \sin 68°}{d^2} = 0{,}189\,\frac{P}{d^2}\ {}^{[1]}.$$

An Stelle einer rechnerischen Bestimmung kann die Härtezahl für die gewählte Prüfkraft und die gemessene Eindruckdiagonale aus Tabellen entnommen werden.

Kennzifferangabe: Das Kurzzeichen für die Vickershärte setzt sich zusammen aus den Buchstaben HV, der mit 0,102 multiplizierten Prüfkraft P in N und der Einwirkdauer der Prüfkraft in Sekunden, sofern diese von 10 bis 15 s abweicht. Eine Dimension wird nicht angegeben.

Beispiel: 495 HV 30: Vickershärte 495, $P = 294$ N, Einwirkdauer der Prüfkraft 10 bis 15 s.

218 HV 20/30: Vickershärte 218, $P = 196$ N, Einwirkdauer der Prüfkraft 30 s.

---

[1] Vgl. Fußnote S. 50.

Über die aus dem Prüfgerät und -verfahren sich ergebende mittlere Meßunsicherheit[1] gibt Bild 77 einen Anhalt. Auf Abschnitt 1.4.5. wird besonders hingewiesen.

Prüfgeräte (DIN 51225): Für die Vickers-Prüfung können dieselben Geräte benutzt werden wie für das Brinell-Verfahren, sofern die erforderlichen Belastungen einstellbar sind. Bei dem Gerät gemäß Bild 72 wird nach der Prüfung der Eindruck mit genügender Vergrößerung auf die Mattscheibe projiziert und kann dort genau ausgemessen werden.

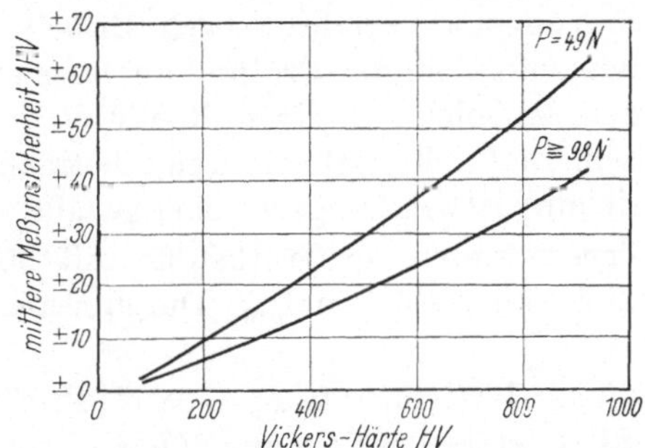

Bild 77. Mittlere Meßunsicherheit bei der Vickers-Härteprüfung (nach DIN 50150)

Kleinlast- und Mikrohärteprüfgeräte arbeiten meist mit einer Vickers-Pyramide bei sehr kleinen Lasten (bis herunter zu wenigen Gramm). Die Geräte sind mit einem Mikroskop versehen, mit dessen Hilfe die Prüfstelle genau mit Fadenkreuz eingestellt und der Eindruck ausgemessen werden kann. Mit diesen Geräten, von denen mehrere Bauarten auf dem Markt sind, kann die Härte sehr dünner Schichten oder die einzelner Gefügebestandteile ermittelt werden. Wie oben bereits erwähnt, können die erhaltenen Härtewerte jedoch wesentlich von der normalen Vickers-Härte abweichen.

1.4.3. Härteprüfung nach Knoop. Dieses Verfahren unterscheidet sich von der Vickers-Härteprüfung lediglich in der Form des Eindringkörpers und in der Bestimmung der Härtezahl. Während bei dem Verfahren nach Vickers eine Diamant-

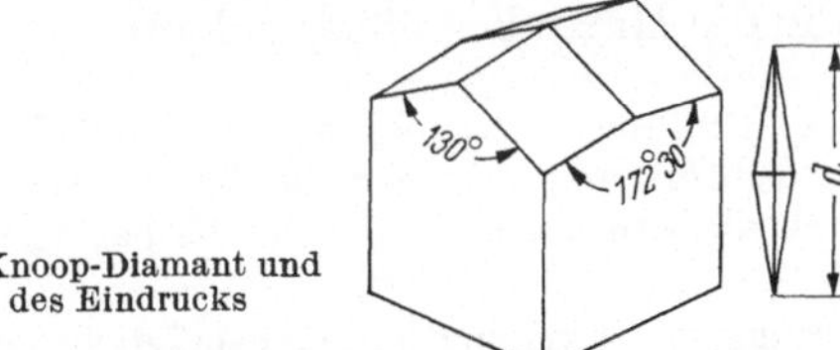

Bild 78. Knoop-Diamant und Form des Eindrucks

pyramide mit quadratischer Grundfläche verwendet wird, besitzt die beim Knoop-Verfahren verwendete Diamantpyramide eine rhomboedrische (rautenförmige) Grundfläche (Bild 78). Die Härtezahl ist

$$HKN = 0{,}102\,\frac{P}{F} = 0{,}102 \cdot 14{,}23\,\frac{P}{d^2} = 1{,}451\,\frac{P}{d^2}, \quad ((2))$$

---

[1] Vgl. Fußnote S. 52.

((2)) Die Knoop-Härteprüfung ist in Deutschland nicht genormt; der Faktor 0,102 wurde analog zur Brinell- und Vickers-Härteprüfung eingeführt, vgl. Fußnote 1, S. 50.

wobei F in diesem Fall die Projektionsfläche des Eindrucks ist und d die Länge der großen Diagonale (Bild 78).

Die Eindrücke sind sehr flach und schmal; das Verfahren eignet sich deshalb besonders für die Prüfung dünner Proben bzw. dünner Schichten. Der Abstand zwischen zwei benachbarten Eindrücken kann wesentlich kleiner sein als bei der Vickers-Härteprüfung.

Die Knoop-Härteprüfung wird in Deutschland noch verhältnismäßig wenig angewendet.

1.4.4. Härteprüfung nach Rockwell (DIN 50103). Diese unterscheidet sich grundsätzlich von den Verfahren nach Brinell und Vickers. Die Härtezahlen werden sofort bei der Prüfung an einer mit dem Eindringkörper gekoppelten Meßuhr auf einer Rockwell-Skala in Rockwell-Einheiten abgelesen. Dadurch ergibt sich eine beträchtliche Zeitersparnis, die Härteermittlung ist allerdings weniger genau.

Als Eindringkörper werden für Werkstoffe mit einer Brinell-Härte von unter 250 HB Stahlkugeln von $^1/_{16}{''}$ Durchmesser (etwa 1,59 mm) verwendet:

Rockwell-B-Prüfung: Prüfvorkraft $P_0 = 98$ N, Prüfkraft $P_1 = 883$ N, zusammen $P = 981$ N; Härtebezeichnung HRB.

Für härtere Werkstoffe ist der Eindringkörper ein Diamantkegel mit einem Spitzenwinkel von 120°, der an der Spitze kugelig abgerundet ist mit einem Radius $r = 0,2$ mm:

Rockwell-C-Prüfung: Prüfvorkraft $P_0 = 98$ N, Prüfkraft $P_1 = 1373$ N, zusammen $P = 1471$ N; Härtebezeichnung HRC.

Die Verfahren Rockwell-A, -F, -N, -T sind in Deutschland weniger gebräuchlich. Sie unterscheiden sich von Rockwell -B und -C lediglich in den Prüfkräften P_0 und P_1.

Die zu prüfende Stelle der Probe oder des Werkstückes muß glatt und eben sein und, falls erforderlich, vorsichtig angeschliffen werden. Dabei ist jedoch jede Veränderung der Oberfläche durch Erwärmung zu vermeiden, die die Härte beeinflussen kann.

Durchführung der Prüfung: Die Probe wird satt auf den Prüftisch gelegt bzw. mit einer Spannvorrichtung so fest gegen die Auflagefläche gedrückt, daß sie bei der Belastung durch die Prüfkraft auch nicht die geringste Verlagerung erleiden kann (DIN 51200).

Um für die Messung der Eindringtiefe eine möglichst einwandfreie Ausgangsstellung zu haben, wird zunächst eine Prüfvorkraft P_0 aufgebracht. Dies geschieht durch Emporschrauben der Prüfspindel so weit, bis ein kleiner Hilfszeiger an der Meßuhr eine besondere Einstellmarke erreicht. Gerät der Hilfszeiger bei dieser Einstellung der Vorkraft über die besondere Einstellmarke hinaus, so ist der Versuch ungültig und muß an einer neuen Prüfstelle wiederholt werden.

Die Meßuhrskala wird nun in die Ausgangsstellung gedreht, indem bei Verwendung des Diamantkegels der Teilstrich 0 (= 100) auf den stillstehenden Meßuhrzeiger eingestellt wird, bei Verwendung der Stahlkugel der Teilstrich 30 (= 130). Dann wird die Zusatzkraft $P_1 - 1373$ N beim Kegel bzw. 883 N bei der Kugel — allmählich in etwa 4 bis 8 s aufgebracht. Dabei wandert der Zeiger der Meßuhr entgegen dem Uhrzeigersinn. Die Prüfgesamtkraft von 1471 N bzw. 981 N wird

solange auf dem Eindringkörper belassen, bis der Zeiger praktisch zur Ruhe ge-
kommen ist. Dann wird die Prüfkraft P_1 entfernt; der Zeiger der Meßuhr geht
dabei im Uhrzeigersinn um die elastische Verformung durch P_1 zurück, und es
wird nun unter der Vorkraft P_0 die vom Zeiger auf der Skala angegebene Zahl als
,,Rockwell-Härte" unmittelbar abgelesen (Bild 79 und 80). Zur Ermittlung der
Rockwell-Härte einer Probe oder eines Werkstücks sind mindestens zwei Prüfungen
vorzunehmen.

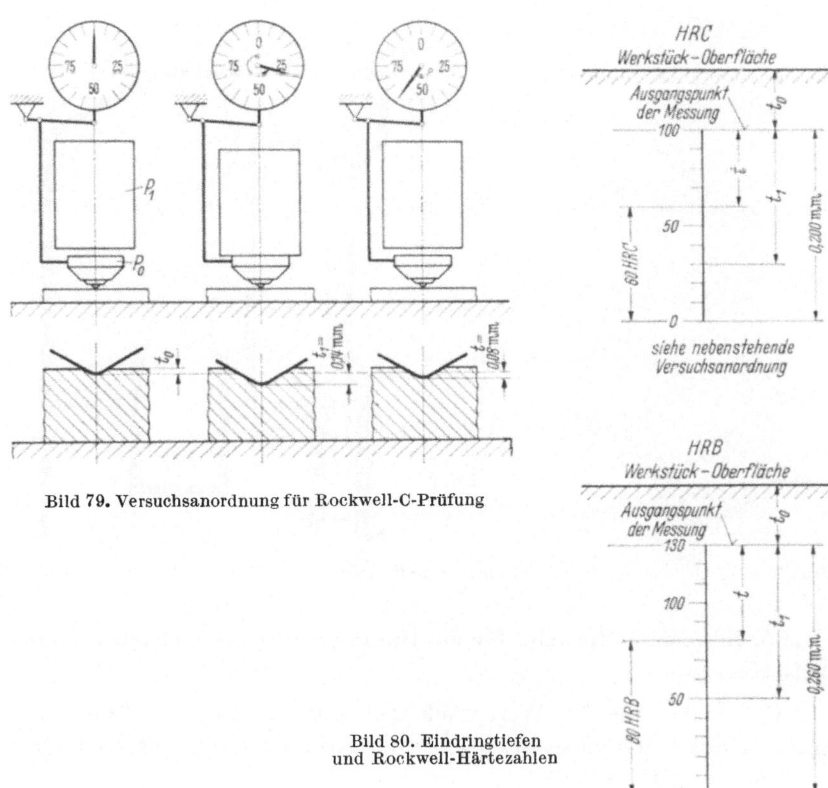

Bild 79. Versuchsanordnung für Rockwell-C-Prüfung

Bild 80. Eindringtiefen
und Rockwell-Härtezahlen

Bilder 79 u. 80. t_0 und t_1 sind die zu den Prüfkräften P_0 und P_1 gehörenden Eindringtiefen; t ist die unter
Wirkung der Zusatzkraft P_1 entstandene bleibende Eindringtiefe. Zwecks genügend feiner Stufung
entspricht 1 Skalenteil der Rockwell-Skala einem Tiefenunterschied von 0,002 mm. Dies ist eine
Rockwell-Einheit. Außerdem ist die Skala so angeordnet, daß für eine kleine Eindringtiefe (harte
Probe) ein großer Härtewert angezeigt wird und umgekehrt

Kennzifferangabe: Die Eintragung der Rockwell-Härtezahlen in den
Versuchsbericht erfolgt bei Einzelwerten auf eine Dezimale, bei arith-
metischen Mittelwerten auf ganze Zahlen gerundet. Das Kurzzeichen
HRB bzw. *HRC* steht hinter der Härtezahl. Eine Dimension wird nicht
angegeben.

Die mittlere Meßunsicherheit[1] beträgt bei HRB etwa ± 3, bei HRC etwa ± 2 Rockwell-Einheiten. Auf Abschnitt 1.4.5. wird besonders hingewiesen.

Prüfgeräte (DIN 51224): Die Prüfgeräte sind ähnlich gebaut wie die für die Brinell-Prüfung, sie besitzen jedoch eine besondere Einrichtung, um die Prüfvorkraft aufzubringen und sind außerdem mit einer Meßuhr versehen, an der die Rockwell-Härtezahlen angezeigt werden (Bild 81 und 82).

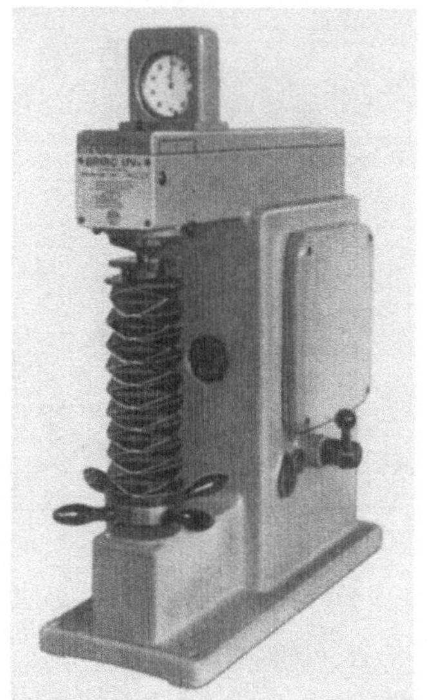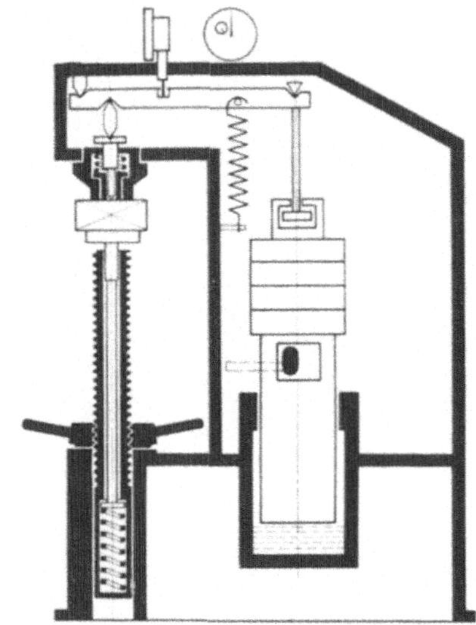

Bilder 81 u. 82. Härteprüfgerät zur Bestimmung der Rockwell-Härte (Briro UV der Firma Reicherter)

1.4.5. Besondere Hinweise für die Durchführung der statischen Härteprüfverfahren.

a) Die Probe oder das Werkstück muß satt und sicher auf dem Auflagetisch des Prüfgerätes aufliegen und darf sich unter der Last nicht durchbiegen (DIN 51200).

b) Die Prüffläche muß senkrecht zur Druckrichtung liegen.

c) Nicht gegen den spröden Vickers- oder Rockwell-Prüfkörper stoßen! Von Zeit zu Zeit Kontrolle der Prüfdiamanten unter dem Mikroskop.

d) Die Prüfstelle muß vom Probenrand oder von benachbarten Eindrücken so weit entfernt liegen, daß weder Randausbuchtungen entstehen noch kalt verfestigte Zonen des Nachbareindrucks störend einwirken können. Deshalb soll der Abstand vom Rand und anderen Eindrücken bei der Brinell-Prüfung mindestens $2{,}5 \times$ Eindruckdurchmesser bzw. $4 \times$ Eindruckdurchmesser (Bild 69), bei der Vickers-Prüfung mindestens $2{,}5 \times$ Eindruckdiagonale (Bild 75) betragen. Bei der Rock-

---

[1] Vgl. Fußnote S. 52.

well-B- und Rockwell-C-Prüfung soll die Entfernung zwischen den Mitten von zwei benachbarten Prüfeindrücken oder der Mitte eines Eindrucks vom Rand der Probe nicht kleiner als 3 mm sein.

e) Die Probe darf nicht zu dünn sein; sie muß wenigstens so dick sein, daß die gesamte infolge des Prüfeindrucks entstehende bleibende und elastische Verformung im Probekörper erfolgt. Bei zu dünnen Proben zeigt sich auf der dem Eindruck gegenüberliegenden Seite eine Druckstelle. Die Messung ist in diesem Fall ungültig. Als Mindestdicke für die Proben wird für die Brinell-Prüfung etwa 2 × Eindruckdurchmesser (Bild 69), für die Vickers-Prüfung etwa 1,5 × Eindruckdiagonale (Bild 75) angegeben. Für die Rockwell-Prüfung wird eine Mindestdicke von 10 × Eindrucktiefe t (Bild 80) gefordert (das ist für eine Probe mit 40 HRC etwa 1,2 mm, für eine Probe mit 60 HRC etwa 0,8 mm).   Häufig hilft man sich in der Weise, daß man bei der Prüfung dünner Bleche die Probe „verdickt", indem man mehrere Bleche übereinander legt.

f) Proben mit gewölbter Oberfläche können nur geprüft werden, wenn der Krümmungshalbmesser mindestens gleich dem Durchmesser der Brinell-Kugel ist. Für diese Prüfung ist eine Fläche anzuarbeiten, die so groß ist, daß die Verformung, die durch den Eindruck der Kugel entsteht, nicht bis zum Rande dieser Fläche reicht. — Für die Vickers- und Rockwell-Prüfung sind ebenfalls entsprechende Flächen anzuarbeiten. Ist das nicht möglich, müssen die Härtewerte korrigiert werden. In DIN 50133 und DIN 50103 sind hierfür Tabellen angegeben.

1.4.6. Dynamische Härteprüfverfahren. Im Vergleich zur statischen Härteprüfung hat die dynamische wissenschaftlich nur untergeordnete Bedeutung, denn die ermittelten Härtezahlen sind infolge der zahlreichen Fehlermöglichkeiten bei der Durchführung der Prüfung mit größerer Unsicherheit und größerer Streuung behaftet. Ihr Vorteil ist die schnellere Durchführung der Prüfung und der meist geringere Preis des Gerätes. Vor allem eignen sich die kleinen und leichten Geräte zur Prüfung der Härte von Werkstücken, die für die ortsfesten statischen Prüfgeräte zu groß sind.

Man unterscheidet die Schlaghärte-Prüfverfahren, bei denen die Härtezahl aus dem beim Aufschlagen des Eindringkörpers erzielten bleibenden Eindruck bestimmt und als Schlaghärte bezeichnet wird, und die Rücksprunghärte-Prüfverfahren; hierbei ergibt sich die Härtezahl aus der beim Auftreffen des Eindringkörpers aufgetretenen elastischen Verformung und der dadurch bedingten Rücksprunghöhe; sie wird Rücksprunghärte genannt.

a) Die *Schlaghärteprüfung* ermittelt in der Regel die „Brinellhärte" mit dem Unterschied, daß die Belastung schlagartig aufgebracht wird. Dadurch ergeben sich Abweichungen in der Größe der erzielten Eindrücke. Es sind daher jedem Gerät empirisch gewonnene Kurven oder Tabellen beigegeben, aus denen für die dynamisch erzeugten Eindruckmesser die — statisch ermittelte — Brinellhärte abgelesen werden kann.

Der Eindringkörper ist eine Stahlkugel. Die Anwendung ist daher auch, wie bei der Brinell-Härteprüfung, auf Werkstoffe mit Härten unter etwa 450 HB beschränkt.

Die Stahlkugel, meist mit 5 mm Durchmesser und mehr, wird so in die Oberfläche des Werkstückes geschlagen, daß ein großer bleibender Kugeleindruck entsteht. Der Durchmesser des Eindruckes wird mit einer Meßlupe auf 0,1 mm genau ausgemessen und der Brinell-Härtewert entsprechenden Tabellen entnommen. Bei der Angabe der Werte sollte stets vermerkt werden, daß die Brinell-Härte dynamisch bestimmt und welches Gerät dazu benutzt wurde.

Die Prüffläche wird in gleicher Weise vorbereitet wie bei der statischen Brinell-Härteprüfung.

Besonders zu beachten:

Gute, während der Prüfung unverrückbare Auflagerung der Probe oder des Werkstückes, damit keine Schlagenergie durch Bewegung der Probe verloren geht!

Prüfgerät senkrecht zur Prüffläche halten!

Schlag senkrecht zur Prüffläche führen, Doppelschläge vermeiden!

Man benutzt häufig mit Spannfedern ausgerüstete Kugelschlaghämmer, bei denen der Schlag durch Auslösung einer Feder zustandekommt, die durch Niederdrücken der Hammerhülse um einen bestimmten, durch Eichung festgelegten und eingestellten Betrag gespannt wurde (Bild 83). Das Gerät muß von Zeit zu Zeit nachgeeicht werden.

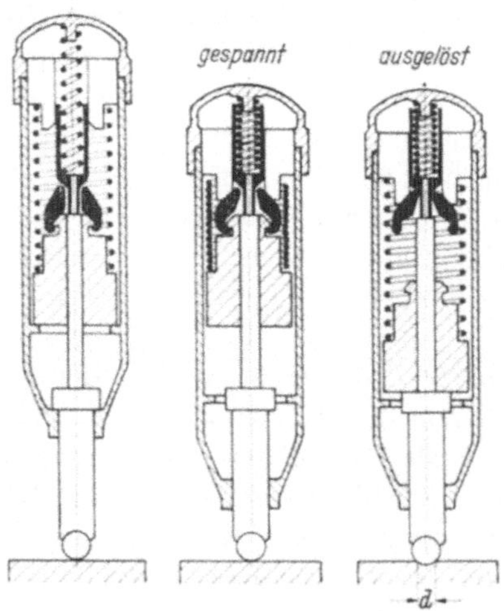

Bild 83. Kugelschlaghammer

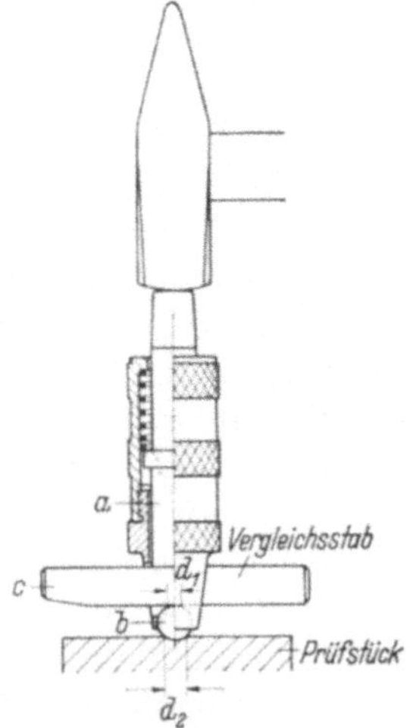

Bild 84. Poldi-Härteprüfgerät

Ein anderes sehr handliches und kleines Gerät ist das „Poldi"-Härteprüfgerät (Bild 84). Bei diesem wird zwischen den Bolzen a und die Kugel b ein Vergleichsstab c geschoben und das Gerät mit der Kugel auf das Probestück gesetzt. Durch einen kräftigen Hammerschlag wird dann gleichzeitig in der Probe und in dem Vergleichsstück ein Kugeleindruck erzeugt. Gemessen werden die beiden Eindruckdurchmesser. Da die Härte des Vergleichsstabes bekannt ist, kann die Härte des Probestückes einer Tabelle unmittelbar entnommen werden. Die Höhe des Apparates beträgt etwa 120 mm.

b) Bei der *Rücksprunghärteprüfung* fällt ein kleiner Hammer von meist nur wenigen Gramm Gewicht mit einem abgerundeten Diamanten oder einer gehärteten Stahlkugel an seiner Spitze aus bestimmter Höhe auf das Prüfstück, verformt es an der Aufschlagstelle im wesentlichen elastisch und springt entsprechend der aufgespeicherten elastischen Formänderungsarbeit wieder zurück. Die Höhe des Rücksprunges wird als Maß für die Härte angesehen und als Rücksprunghärte bezeichnet.

Dieses Prüfverfahren dient zur Ermittlung der Härte von Werkstücken, die möglichst keine bleibenden Eindrücke aufweisen sollen, vor allem von gehärteten und anderen harten Teilen. Sehr gut geeignet ist es auch für die Kontrolle auf Gleichmäßigkeit der Härte von großen Flächen oder mehreren gleichartigen Teilen. Vergleichbare Werte können aber nur bei Werkstücken erhalten werden, die den gleichen Elastizitätsmodul besitzen, wobei gleiche Prüfbedingungen selbstverständlich vorausgesetzt werden müssen.

Es gibt eine Anzahl verschiedener Prüfgeräte zur Ermittlung der Rücksprunghärte. Die verschiedenen Bauarten unterscheiden sich meist durch die Form der Hammerspitze, das Gewicht des Fallhammers und die Fallhöhe. Daraus ergeben sich Abweichungen in den ermittelten Härtezahlen und die Notwendigkeit, außer der Härtezahl stets das zur Messung verwendete Gerät mit anzugeben.

Beim Skleroskop der Firma Shore (USA) (Bild 85) fällt der Hammer in einem Rohr aus einer Höhe h_0 senkrecht auf die waagerecht liegende Prüffläche herab und

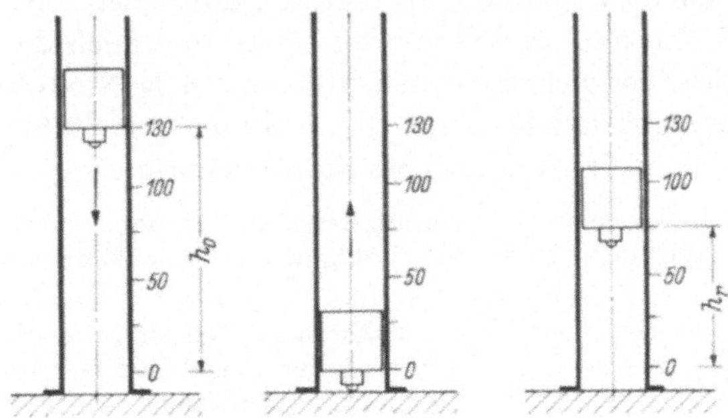

Bild 85. Versuchsanordnung beim Skleroskop

springt von dieser zurück auf die Höhe h_r. h_r wird mit Hilfe eines Schleppzeigers in Skalenteilen abgelesen und der Wert als Shore-Härte bezeichnet. Die Skala besitzt 130 gleiche Skalenteile und ist so festgelegt, daß die Rücksprunghöhe h_r des gehärteten eutektoiden Stahls der Härtezahl 100 entspricht.

Beim Duroskop (Bild 86) schwingt ein kleiner Pendelhammer um eine waagerecht liegende Achse aus seiner Ausgangslage ($\alpha_0 = 70°$) gegen die senkrecht liegende Prüffläche und wieder zurück um den Winkel α_r. Der Rücksprungwinkel α_r ist ein Maß für die Härte. Er kann durch einen Schleppzeiger leicht an einer Skala abgelesen werden.

Die Prüffläche muß sauber und glatt, möglichst geschliffen sein. Durchfederungen und Schwingungen der Probe oder des Werkstückes beim Aufprall des Hammers dürfen nicht entstehen. Außerdem muß der Hammer genau senkrecht auf die Prüffläche treffen, da man sonst fehlerhafte Meßergebnisse erhält. Zu diesem Zweck sind die Geräte in der Regel mit einer Wasserwaage (Libelle) versehen.

Ferner darf nicht zweimal an derselben Stelle geprüft werden, da der erste Schlag eine Kaltverfestigung erzeugt und infolgedessen der zweite Schlag eine höhere Rücksprunghärte ergibt.

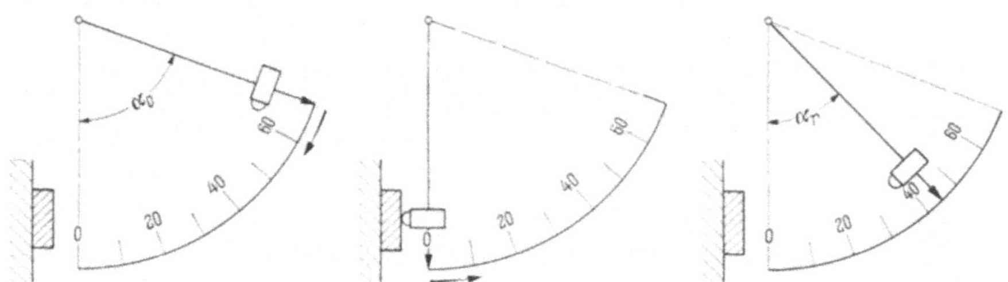

Bild 86. Versuchsanordnung beim Duroskop

1.4.7. Vergleich der nach den verschiedenen Verfahren erhaltenen Härtewerte. Wegen der willkürlichen Einteilung der Härteskalen und der zum Teil völlig andersgearteten Grundlagen der Verfahren ist eine Umrechnung der bei den einzelnen dynamischen Härteprüfverfahren erhaltenen Werte ineinander nicht möglich. Dasselbe gilt für den Vergleich zwischen dynamisch und statisch ermittelten Härtewerten.

Es gibt aber empirisch (d. h. auf Grund von Erfahrungswerten) aufgestellte Tabellen für einzelne Werkstoffe, mit denen die statisch ermittelte Brinell-, Vickers- und Rockwell-Härte und auch die Zugfestigkeit näherungsweise verglichen werden können. In DIN 50150 ist eine derartige Härtevergleichstabelle für die Prüfung von Stahl und Stahlguß (mit Ausnahme von austenitischem Stahl) genormt.

Für den Fall, daß keine Umrechnungstabellen zur Hand sind, mögen folgende Beziehungen — gültig für Stahl und Stahlguß — als Anhalt dienen:

HV–HB: Die *HV*-Werte stimmen mit den *HB*-Werten bis etwa 350 *HB* praktisch überein. Bei höheren Härten sind die *HB*-Werte infolge der zunehmenden Verformung der Kugel niedriger als die *HV*-Werte.

HV–HKN: *HV*- und *HKN*-Werte sind ungefähr gleich.

HV–HRC: Im Bereich 250 *HV* bis 450 *HV* gilt $HRC \approx {}^1/_{10}\, HV$.

Eine recht gute Umrechnungsformel, die für den gesamten Bereich gilt und leicht mit Hilfe eines Rechenschiebers zu berechnen ist, ist

$$HRC = 116 - \frac{1500}{\sqrt{HV}} \qquad \text{bzw.} \qquad HV = \left(\frac{1500}{116 - HRC}\right)^2.$$

HB–σ_{zB},

HV–σ_{zB}: Aus der Brinell-Härte läßt sich die Zugfestigkeit mit einer Genauigkeit errechnen, die für viele Fälle der Praxis ausreicht.

$$\sigma_{zB} \approx c\, HB,$$

wobei für Stahl im Mittel $c = 3{,}4$ ist. c ist vom Streckgrenzenverhältnis φ (vgl. S. 9) abhängig, so daß bei genauerer Rechnung für

legierten und unlegierten Stahl verschiedene c-Werte zu verwenden sind (Tabelle 4).
In dem Bereich, in dem die Brinell-Härtewerte und Vickers-Härtewerte übereinstimmen, kann in der Formel HB durch HV ersetzt werden.

Mit den aus Tabelle 4 zu entnehmenden c-Werten gilt die Umrechnungsformel
auch für Nichteisenmetalle.

Tabelle 4 (nach H. Meineke)

Werkstoff	Belastungsgrad $0,102\ P/D^2$	c
Stahl geglüht, unlegiert	30	3,5
Stahl geglüht, legiert	30	3,9
Bronze, Messing geglüht	10	5,2
Aluminium, Aluminium-Leg.	5	3,6

Bild 87 gibt einen Vergleich der Härtezahlen und der Zugfestigkeitswerte für
Stahl.

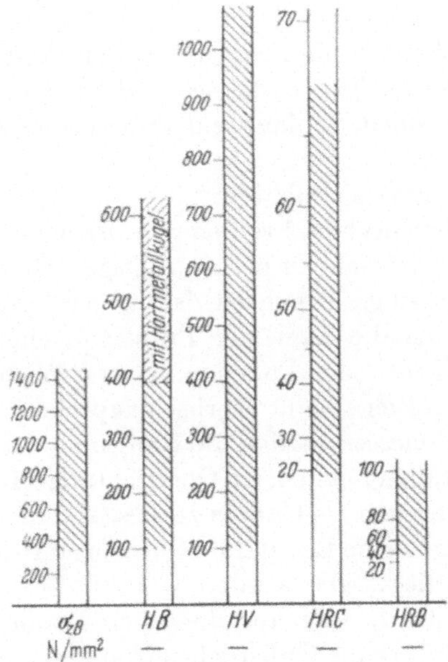

Bild 87. Härtezahlen-Vergleich für Stahl
(schraffiert: üblicher Anwendungsbereich)

1.5. Probenentnahme und Probenherrichtung

Beides ist von großer Wichtigkeit und erfordert weitgehende Berücksichtigung der Einflüsse von den Herstellungsverfahren auf die Werkstoffeigenschaften und der konstruktiven Beanspruchung des Werkstückes.

1.5.1. Probenentnahme. Es ist wichtig zu berücksichtigen, von welcher
Stelle eines zu prüfenden Stückes die Probe entnommen und wie sie hergestellt wird. In jedem Einzelfall werden besondere Gesichtspunkte

maßgebend sein, die in besonderen Vorschriften, wie beispielsweise in den entsprechenden DIN-Normen, enthalten sind. Auf jeden Fall muß die Probenentnahme so dokumentiert werden, daß bei einer späteren Reklamation bzw. Nachprüfung der ursprüngliche Zustand möglichst genau wieder rekonstruiert werden kann.

Als allgemeine Gesichtspunkte können genannt werden:

a) Die Auswahl der Probestücke muß so erfolgen, daß die durchschnittlichen Eigenschaften des zu prüfenden Materials erfaßt werden.

b) Ungleichmäßigkeiten des Werkstoffs infolge Seigerungen, ungleichmäßiger Verformung, ungleichmäßiger Wärmebehandlung, ungleichmäßiger Abkühlung von Gußstücken, Zeilenstruktur und dergleichen müssen berücksichtigt werden.

d) Sollen die Eigenschaften eines Werkstückes in einem besonderen Behandlungszustand, z. B. gehärtet, geprüft werden, so müssen vorher entnommene Probestücke auch genau so behandelt werden wie das Werkstück.

Wenn möglich sollen für die Probenentnahme Abfallstücke verwendet werden. Bei lebenswichtigen Stücken wird man einzelne Stücke zerschneiden und Zugproben, Schlag- und Dauerprüfstäbe den gefährdeten Stellen entnehmen.

Folgende Regeln sind zu beachten:

Halbfabrikate: Bei Blechen, Profilen u. a. ist bei der Probenentnahme die Walz- bzw. Fließrichtung zu berücksichtigen. Quer zur Faser können die Festigkeitswerte einen Bruchteil der in der Faserrichtung vorhandenen betragen. Auch die Lage der Proben in einer Walzplatte oder -stange, ob Mitte, Kopf- oder Fußende, ist von Wichtigkeit. Dieses gilt besonders für Falt-, Biege- und Kerbschlagproben. Bei Rohren unter 140 mm Außendurchmesser werden die Proben nur in der Längsrichtung entnommen, bei größeren auch in Querrichtung. Rohre von kleinem Durchmesser können auch als Ganzes zerrissen werden. — Besonders sei auf DIN 17100 „Allgemeine Baustähle, Gütevorschriften" hingewiesen.

Graugußstücke: Biegestäbe werden je nach Vereinbarung entweder getrennt vom Gußstück, aber aus derselben Pfannenfüllung, steigend gegossen, oder direkt an das Gußstück mit angegossen. In Sonderfällen werden die Probestäbe unmittelbar aus dem Gußstück herausgearbeitet. In gleicher Weise wie die Biegestäbe werden die Proben für den Zugversuch entnommen. In jedem Fall sind die Probestäbe so am Gußstück anzuordnen, daß die Abkühlungs- und Erstarrungsverhältnisse in beiden gleich sind.

Temperguß: Hier sind kleine, in übereinstimmenden Stücken mitgegossene und mitgetemperte Proben zu verlangen, falls nicht einzelne Werkstücke zerschnitten werden sollen.

Stahlguß: Zug- und Kerbschlagproben sind entsprechend der Wanddicke des Werkstückes anzugießen, wobei Stabkopfform und Bearbeitungszugabe zu berücksichtigen sind.

Nichteisen- und Leichtmetallgußstücke: Im allgemeinen werden gesondert gegossene Zugproben geprüft.

Schmiedestücke: Die Proben werden gewöhnlich aus einem angeschmiedeten Probenende entnommen. Dieses Probenende darf im Durchmesser nicht kleiner sein als das Schmiedestück. Bei größeren und wichtigen Stücken spielt die Lage im Stück der Länge wie der Dicke nach eine wichtige Rolle. Da die Festigkeitseigenschaften am Kopf eines Blockes ungünstiger sind als am Fuß, muß man verlangen, daß die Proben von dem Ende des Schmiedestückes zu entnehmen sind, das dem Kopf des Blockes entspricht. Bei Trommeln entnimmt man einen Probering an der Stirnfläche und schneidet daraus Tangentialproben aus.

Eine wichtige Rolle spielt ferner der Faserverlauf im Schmiedestück, da die Festigkeitseigenschaften quer zur Faserrichtung im allgemeinen ungünstiger sind als längs zur Faserrichtung. Bild 88 und 89 zeigen den Rotorkopf eines Hubschraubers mit dem Entnahmeplan für Zug- und Kerbschlagproben. Die Proben sind so angeordnet, daß die Eigenschaften sowohl längs als auch quer zur Faserrichtung erfaßt werden.

Bild 88. Rotorkopf eines Hubschraubers (BO 105) mit Blattanschlußstück. Werkstoff: Ti-6 Al-4 V

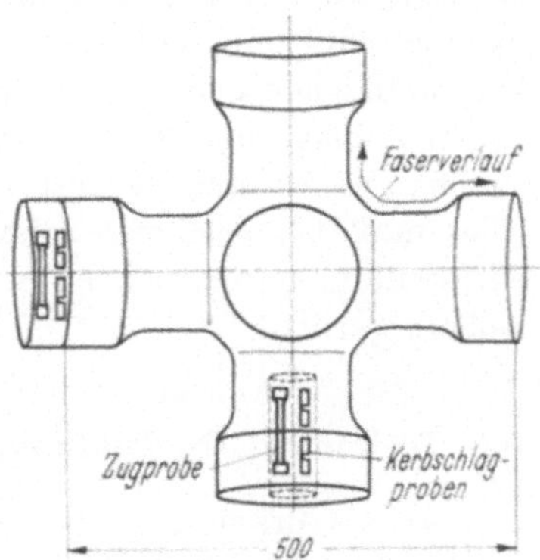

Bild 89. Probenentnahmeplan für den Rotorkopf von Bild 88

Geschweißte Werkstücke: Bei hochbeanspruchten Stücken, wie Behältern, Kesseltrommeln und dergleichen, werden an der Schweißnaht Zug- und Kerbschlagproben entnommen. Als Zugproben werden Flachstäbe verwendet, bei denen der Schweißwulst bis auf die Blechstärke abgearbeitet ist. Die Stababmessungen sind im Normblatt DIN 50120 festgelegt. Für die Kerbschlagproben kommt DIN 50122 in Frage.

1.5.2. Probenherstellung und -genauigkeit. Durch die Herstellung der Proben dürfen die Werkstoffeigenschaften nicht geändert werden. Änderungen können erfolgen durch unzulässige Erwärmungen (z. B. autogenes Schneiden), durch Kaltverformung bei etwaigem Richten, durch Ausstanzen mit ungenauen oder stumpfen Werkzeugen, durch spanabhebende Bearbeitung mit großem Spanquerschnitt oder stumpfer

Schneide (Erwärmung und Kaltverfestigung der Oberfläche) usw. So dürfen z. B. Blechproben nicht etwa nur mit der Schere abgeschnitten werden, sondern man muß die Schnittflächen sorgsam spanabhebend nacharbeiten. Die Proben sind also grundsätzlich spanabhebend in kaltem Zustand mit scharfen Werkzeugen herzustellen. Die Oberfläche der Proben soll mit feinem Span geschlichtet und möglichst geschliffen werden. Bei Gefahr einer zu starken Erwärmung ist unter allen Umständen für ausreichende Kühlung zu sorgen. Durch autogenes Schneiden, durch Fräsen u. dgl. unvermeidlich entstandene Einwirkungen müssen durch Abnahme der beeinflußten Oberflächenschicht entfernt werden.

Beim Zugversuch muß die Gleichmäßigkeit der Querschnittsabmessungen der Zugprobe an verschiedenen Stellen der Versuchslänge genau eingehalten werden. Örtliche Querschnittsschwächungen setzen die Dehnung herab und unter Umständen die Festigkeit herauf, die Prüfergebnisse sind dann ungenau oder gar falsch. Man soll bei dehnbaren Werkstoffen für Stäbe bis 100 mm² Querschnitt eine Toleranz von $\pm$ 0,05 mm, über 100 mm² eine solche von $\pm$ 0,1 mm einhalten.

Beim Druckversuch ist außer auf die beim Zugversuch dargelegten Vorschriften darauf zu achten, daß die Endflächen der Proben planparallel sind und senkrecht zur Probenachse stehen. Es ist vorteilhaft, die Endflächen noch zu schleifen.

Bei Schlag- und schwingenden Dauerversuchen ist die Oberflächenbeschaffenheit und die Gestalt der Proben von entscheidendem Einfluß. Dies muß bei solchen Proben durch in jeder Beziehung sorgfältigste Herstellung berücksichtigt werden. Flächen und Formen sollten stets poliert werden.

1.6. Technologische Prüfungen

Die Praxis braucht Verfahren, die einfach und schnell durchführbar sind und Aufschluß darüber geben, ob ein Werkstoff oder ein Werkstück den bei Verarbeitung oder Gebrauch auftretenden, stets zusammengesetzten Beanspruchungen verschiedenster Art genügt. Man verzichtet deshalb in diesen Fällen auf die zahlenmäßige Feststellung bestimmter Eigenschaften und begnügt sich mit der Beurteilung des Verhaltens der Stücke. Diese Prüfverfahren werden als technologische Prüfungen bezeichnet.

Da bei den technologischen Prüfungen im allgemeinen keine bestimmten zahlenmäßig erfaßbaren Ergebnisse gewonnen werden, ist es auch nicht nötig, bestimmte Verhältnisse einzuhalten; die Art der Prüfung kann vielmehr je nach dem Verwendungszweck des Werkstoffes beliebig gewählt werden. So ergibt sich eine unbegrenzte Zahl von technologischen Untersuchungsmöglichkeiten. Für die wichtigsten Verarbeitungsverfahren der verschiedenen Werkstoffe sind bestimmte Arten von Prüfungen üblich geworden und auch in den DIN-Normen festgelegt.

Bei Angaben von Versuchswerten sind stets Form und Abmessungen der Proben, die Versuchsanordnung sowie die Versuchsbedingungen (z. B. Zeit, Temperatur) zu vermerken, da diese Faktoren das Ergebnis sehr wesentlich beeinflussen können.

1.6.1. Funkenprobe. Die Funkenprobe ist ein oft angewandtes und leicht durchführbares Werkstattverfahren zur angenäherten Bestimmung oder Kontrolle der Zusammensetzung von Stählen.

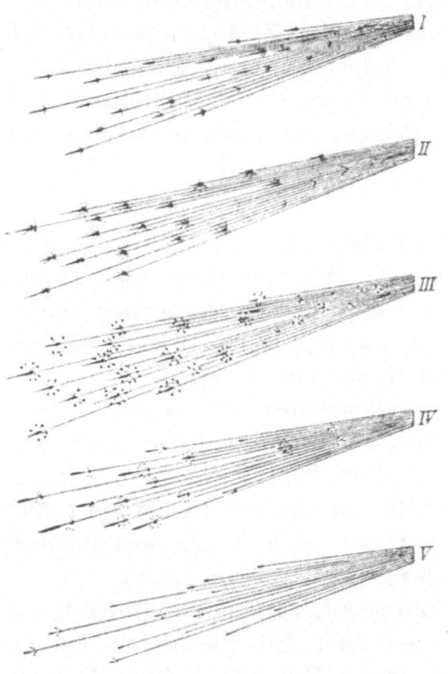

Bild 90. Funkenbilder verschiedener Stähle

Stahlart	Kennzeichen	Funkenfarbe
I Kohlenstoffarmer Stahl II Kohlenstoffreicher Stahl	in lange Tropfen auslaufende, glatte Lichtlinien; Stachelbündel dem Kohlenstoffgehalt entsprechend	hellgelb
III Kohlenstoffreicher Stahl mit höherem Mangangehalt	Mangan: verästelte Stachelbüschel	hellgelb
IV Stahl mit einigen % Wolfram (legierter Werkzeugstahl)	Strahlenbüschel mit kugeligen Enden	rötlich
V Stahl mit hohem Wolfram- oder Molybdängehalt (Schnellstahl)	geringe Funkenbildung, kurze Tropfen mit einzelnen tropfenförmigen Abzweigungen	rötlich

Das Probestück wird von Hand gegen eine scharfkörnige, mittelharte Schmirgel-
scheibe mit etwa 30 m/s Umfangsgeschwindigkeit gedrückt und aus Form und
Farbe des Schleiffunkens (Bild 90) auf den Gehalt an Kohlenstoff oder das Vor-
handensein von Legierungszusätzen geschlossen. Das Ergebnis ist genauer, wenn
zugleich an derselben Scheibe mit dem gleichen Anpreßdruck und derselben
Schnittgeschwindigkeit Vergleichsstücke bekannter Zusammensetzung angeschliffen werden. Zusammenstellungen der charakteristischen Stahlsorten werden von
den Stahlfirmen geliefert. Bei einiger Übung lassen sich bis zu 20 verschiedene
Stahlsorten unterscheiden.

1.6.2. Bruchgefüge. Das Bruchgefüge kann dem erfahrenen Fachmann
wertvolle Aufschlüsse über den Zustand des Werkstoffs geben. Bei Grauguß kann auch der weniger Geübte z. B. graue oder weiße Erstarrung
unterscheiden. Art und Menge der Graphitausscheidung, ferner Lunker,
Poren, Einschlüsse, Seigerungen können eventuell mit Hilfe einer Lupe
erkannt werden.

1.6.3. Bleche

a) *Faltversuch* (DIN 1605 Bl. 4). Dieser wichtige Versuch dient zur
Beurteilung der Biegbarkeit eines Werkstoffs (Bild 91). Die Versuchstemperatur ist in der Regel Raumtemperatur; beim Rotbruchversuch
werden die Proben rotwarm gemacht. Als Probestücke kommen Flachstäbe und Blechstreifen zur Verwendung.

Ermittelt wird im allgemeinen der Winkel α für den ersten Anriß,
gemessen an der entlasteten Probe. In einigen Abnahmebedingungen
wird auch verlangt, daß die Probe sich bis zu einem bestimmten Winkel
ohne Anriß biegen läßt; in anderen Fällen wird verlangt, daß sich die
beiden Schenkel der Probe vollkommen oder bis auf einen bestimmten
Abstand ohne Anriß zusammenbiegen lassen.

b) Der *Doppelfaltversuch* („Taschentuchprobe") wird bei der Prüfung
von Feinblechen angewendet. Ein Blechstreifen von 200 × 200 mm wird
zweimal zusammengefaltet (Bild 92). Auf der Zugseite dürfen sich keine
Anrisse zeigen.

c) *Hin- und Herbiegeversuch* (DIN 50153). Als Kennwert wird die
Anzahl der Biegungen bis zum Bruch der Probe bestimmt (Bild 93).

d) *Rückfederungsversuch* (Federbleche). Ein einseitig eingespannter
schmaler Blechstreifen wird mittels eines Handhebels um einen Dorn
gebogen (Bild 94). Nach der Entlastung des Hebels federt die Probe
um einen bestimmten Winkel γ zurück, der an einer Skala abzulesen ist.

e) *Bördelversuch* (Bild 95). Eine Blechringscheibe wird auf einen Ring
mit größerem Innendurchmesser gelegt und der überstehende Rand des
Bleches um 90° in den Ring hineingeschlagen. Das Blech darf dabei
nicht einreißen.

f) Der *Erichsen-Tiefungsversuch* (DIN 50101) hat die praktisch
größte Bedeutung unter den technologischen Prüfungen an Blechen
erlangt. Die Prüfung besteht in Annäherung an den Tiefziehvorgang
darin, daß ein Blech in einer runden Matrize durch einen kugeligen
Stempel ausgebeult wird (Bild 96 u. 97).

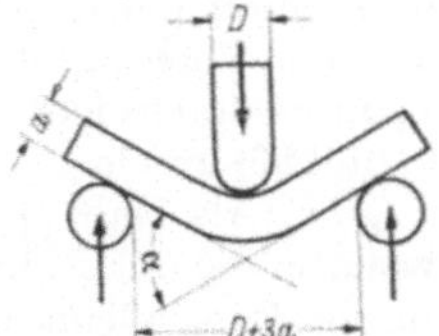

Bild 91. Faltversuch

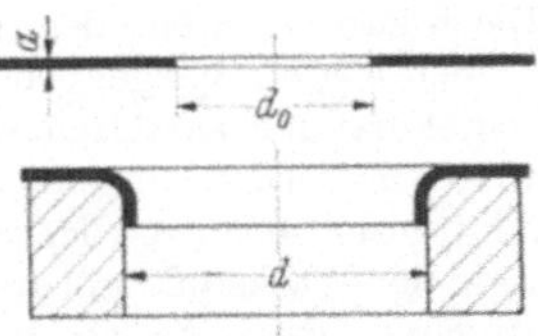

Bild 95. Bördelversuch

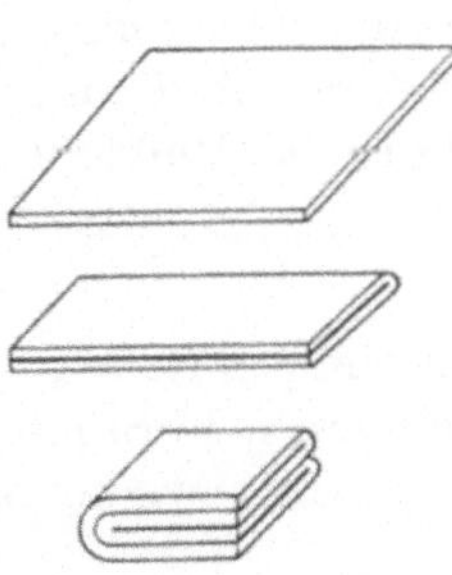

Bild 92. Doppelfaltung

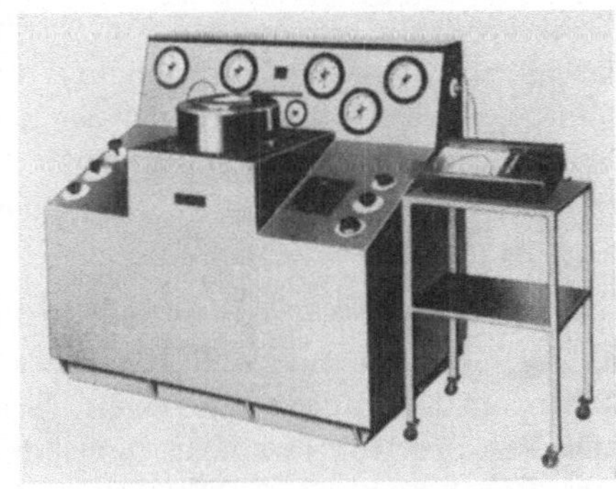

Bild 96. Prüfgerät nach Erichsen

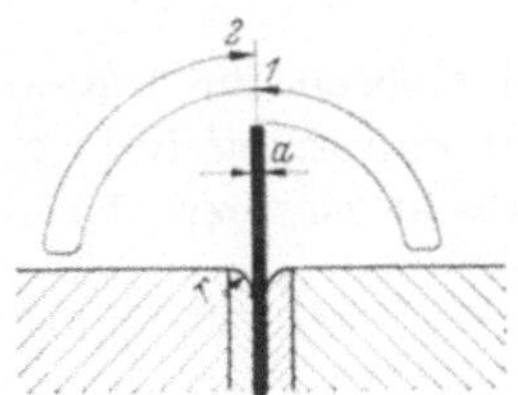

Bild 93. Hin- und Herbiegeversuch

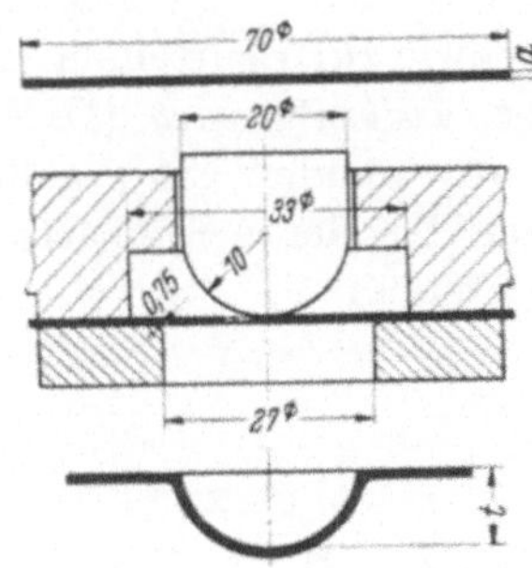

Bild 97. Tiefungsversuch (Bild 96)

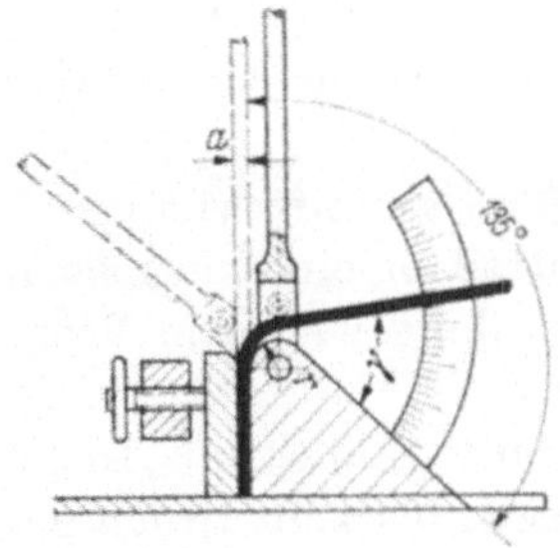

Bild 94. Rückfederungsversuch

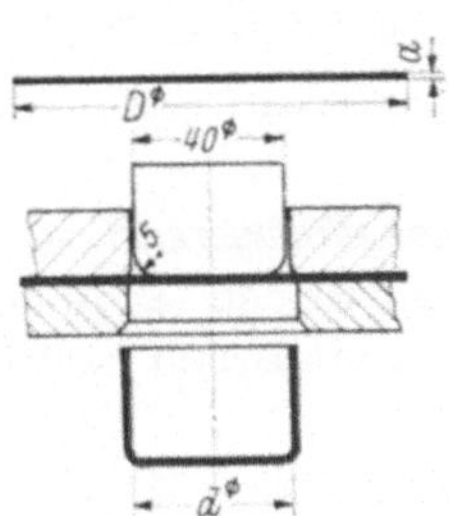

Bild 98. Tiefziehversuch mit
Zusatzeinrichtung zu Bild 96

Das Blech kann während des Hineinziehens in die Matrize durch einen an dem Prüfgerät befestigten Spiegel beobachtet werden. Man führt den Versuch bis zum Eintreten der ersten Risse durch, was sich bei älteren Prüfgeräten durch einen Ruck am Handrad bemerkbar macht, bei modernen Geräten (Bild 96) an einem automatisch mitgeschriebenen Diagramm abgelesen werden kann. Als Maß für die Beurteilung der Werkstoffe gilt die Tiefe der erzeugten Kalotte, die mit Tiefungswert bezeichnet wird. Außerdem ist für die Beurteilung die Beschaffenheit der Oberfläche maßgebend, die möglichst glatt und ohne Falten bleiben muß.

g) *Tiefziehversuch.* Genauere Werte für das Verhalten des Bleches beim Tiefziehen erhält man mit einer Zusatzeinrichtung für das Erichsen-Tiefungsgerät zum Ziehen von Näpfchen (Bild 98), mit der das Blech in mehreren Zügen weitergezogen wird, unter Umständen bis zum Bruch. Eine weitere Differenzierung ist noch möglich durch Änderung des Durchmessers der Ausgangsplatine. Als Gütemaß gilt das Durchmesserverhältnis D/d bei rißfreiem Näpfchen.

1.6.4. Rohre

a) Der *Biegeversuch* dient zum Prüfen von dünnwandigen Rohren. Ein Rohrstück wird mit Sand, Blei usw. gefüllt und um einen Dorn mit bestimmtem Durchmesser gebogen. Ermittelt wird der Biegewinkel beim Anreißen des Rohres auf der Zugseite.

b) *Ringfaltversuch* (DIN 50136). Ein Rohrabschnitt wird senkrecht zur Längsachse zwischen zwei Platten bis zu einem bestimmten Betrag bzw. bis zum Anriß zusammengedrückt. Neben der Beurteilung der Verformbarkeit dient der Versuch zur Feststellung von Innen- und Außenfehlern sowie zur Beurteilung des Bruchgefüges.

c) Der *Aufweitversuch* (DIN 50135) wird bei Rohren für Einwalzzwecke angewendet. Ein kegeliger Dorn (Bild 99) wird in das Rohr eingetrieben, bis der vereinbarte Durchmesser erreicht ist, bzw. bis die Probe anreißt.

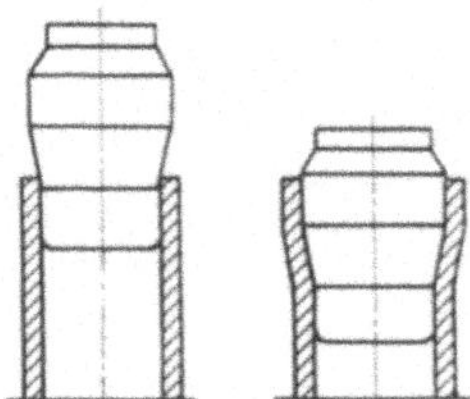
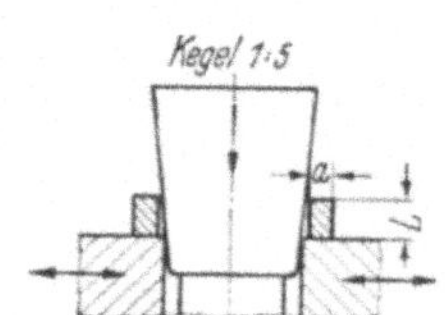
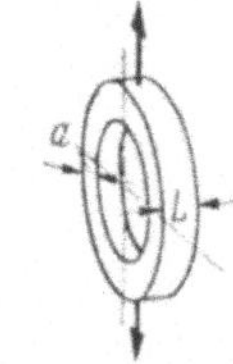

Bild 99. Aufweitversuch　　Bild 100. Ringaufdornversuch　　Bild 101. Ringzugversuch

d) *Ringaufdornversuch* (DIN 50137). Ein Rohrabschnitt (Länge L = Dicke a, jedoch ≥ 10 mm) wird durch Eintreiben eines kegeligen Dorns bis zum Bruch geweitet (Bild 100). Beurteilung wie beim Ringfaltversuch.

e) *Ringzugversuch* (DIN 50138). Ein Rohrabschnitt (Länge L = Dicke a, jedoch ≥ 10 mm) wird, wie in Bild 101 gezeigt, bis zum Bruch gezogen. Beurteilung wie beim Ringfaltversuch.

f) *Bördelversuch* (Bild 102) (DIN 50 139). Der Rand eines Rohrprobe-
stückes wird so weit umgebördelt (d_b), wie in den Lieferbedingungen
verlangt wird. Dabei wird die Probe zunächst vorgebördelt (Bild 102 a)
und anschließend um 90° fertiggebördelt (Bild 102 b).

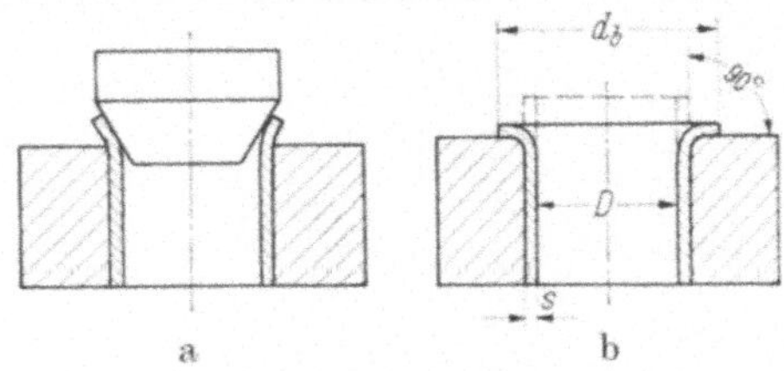

Bild 102. Bördelversuch

g) *Innendruckversuch* (DIN 50 104, DIN 50 105). Ein Rohrstück von
einer Länge 5 × Innendurchmesser wird in eine Abdrückvorrichtung
gespannt. Durch Einpressen einer Flüssigkeit wird entweder der Druck
ermittelt, der im Augenblick des Bruches herrscht, oder man steigert
den Druck bis zu einer vorgeschriebenen Höhe. Mit einem Stahlbandmaß
wird die Änderung des Umfanges und daraus die tangentiale Dehnung
bestimmt:

$$\Delta U = \frac{U_1 - U_0}{U_0} \cdot 100\%$$

mit U_0 als unbelastetem und U_1 als unter Druck stehendem Umfang.

Als Druckflüssigkeit benutzt man im allgemeinen Wasser. Druckluft oder -gas
zum Abdrücken zu verwenden ist gefährlich, da ein auftretender Bruch explosions-
artige Wirkung haben kann. Aus demselben Grund muß beim Abdrücken mit
Flüssigkeit sorgfältig auf vollständige Entlüftung geachtet werden.

Der Innendruckversuch nach DIN 50 104 wird auch bei Hohlgußstücken angewendet. Es ist notwendig, den vorgeschriebenen Druck mehrere Stunden, bis zu
24 und mehr, wirken zu lassen, besonders bei Gußstücken, bei denen Undichtig-
keiten und Risse oft erst nach so langer Zeit in Erscheinung treten.

1.6.5. Stäbe, Drähte und Profile

a) *Faltversuch* (DIN 1605 Bl. 4), wie bei Blechen. Ermittelt wird der
Biegewinkel α, bei dem sich auf der Zugseite Risse zeigen.

b) *Kerbbiegeversuch*. Der Faltversuch kann dadurch verschärft werden,
daß die Zugseite vorher eingekerbt wird (Bild 103).

c) Der *Hin- und Herbiegeversuch* (DIN 51 211) bei Drähten, hauptsächlich Seildrähten, wird wie bei der Blechprüfung auf entsprechenden
Prüfgeräten durchgeführt.

d) *Wickelversuch* (DIN 51 213) zur Prüfung von metallischen Über-
zügen bei Drähten. Ein Draht wird 10 mal um einen Dorn, dessen
Durchmesser jeweils zu vereinbaren ist, gewickelt und dabei geprüft,
ob der Überzug aufreißt oder abblättert. Gegenüber dem Hin- und Herbiegeversuch ergibt diese Prüfung eine Beanspruchung eines längeren
Stückes und somit einen besseren Durchschnittswert.

e) *Verwindeversuch* (DIN 51 212). Ein Draht wird in einem Gerät nach Bild 104 mit einer freien Länge von (30) 50 bis 200 · Durchmesser verwunden. Als Kennwert gilt die Anzahl der Drehungen bis zum Bruch, die von einer Zahlenscheibe unmittelbar abgelesen werden kann. Beurteilt wird ferner die Gleichmäßigkeit der Verwindung.

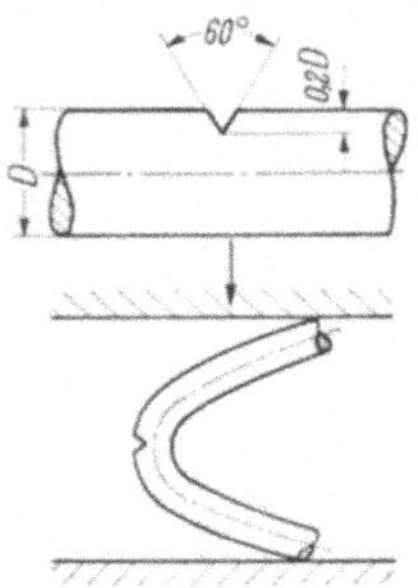

Bild 103. Kerbbiegeversuch

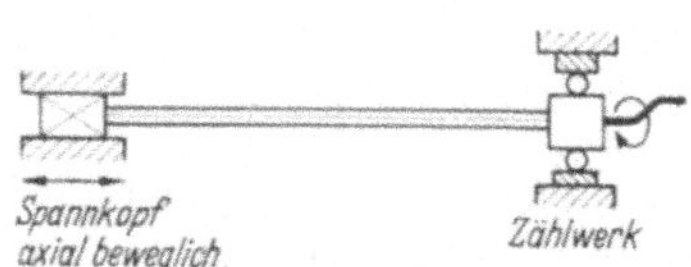

Bild 104. Verwindeversuch

f) *Zusammenschlag- und Ausbreitversuch* (Bild 105 und 106). Für Winkeleisen und ähnliche Profile.

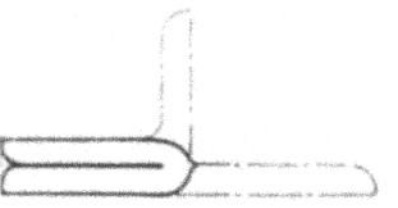

Bild 105. Zusammenschlagversuch

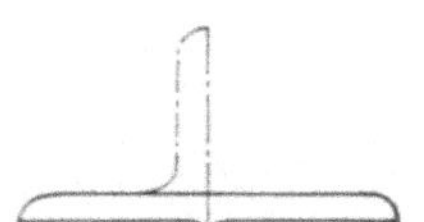

Bild 106. Ausbreitversuch

1.6.6. Schrauben, Niete und Muttern

a) *Gewindebiegeversuch* (Bild 107). Die Probe wird bis zum Bruch bzw. bis zum Biegewinkel $\alpha = 180°$ zusammengebogen.

b) Beim *Kopfschlagversuch* (DIN 267, Bl. 3) muß sich der Kopf der Schraube durch mehrere Hammerschläge um den Winkel 90-β biegen lassen, ohne daß sich Anrisse im Übergang vom Schaft zum Kopf zeigen (Bild 108). Je nach Festigkeitsklasse der Schraube beträgt β 60° oder 80°.

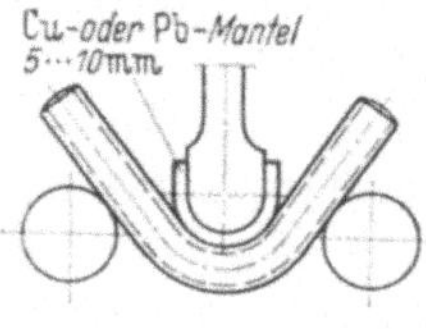

Bild 107. Gewindebiegeversuch

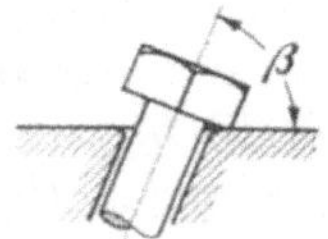

Bild 108. Kopfschlagversuch

c) Der *Kopfschlagversuch für Niete* (DIN 101) wird in gleicher Weise durchgeführt wie der für Schrauben. Der Winkel β beträgt 60°; der Kopf darf nicht abreißen.

d) *Kopfschlagausbreitversuch* (Bild 109). Der Nietkopf wird flach-
geschlagen, seine Ränder dürfen dabei nicht aufreißen.

e) *Aufweitversuch* (DIN 267, Bl. 4). Die bis auf den Außendurchmesser
des Gewindes aufgebohrte Mutter muß sich um mindestens 4 bis 5%
des Lochdurchmessers aufweiten lassen (Bild 110).

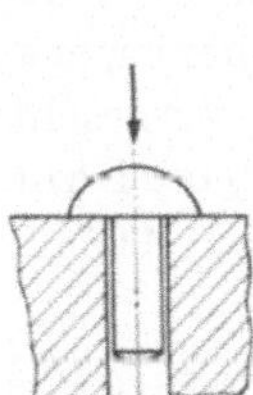

Bild 109. Kopfschlagausbreitversuch

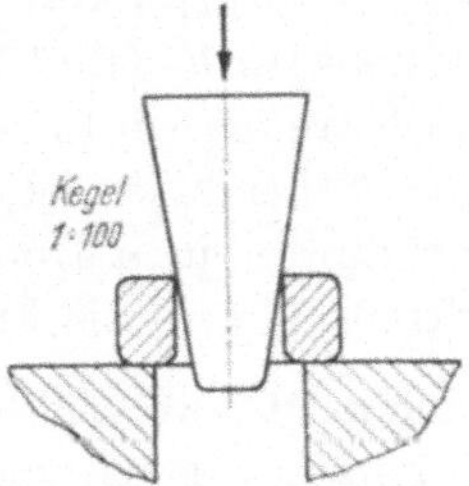

Bild 110. Aufweitversuch

1.6.7. Schmiedewerkstoffe

a) Der *Stauchversuch* (Bild 111) ist für Werkstoffe bestimmt, die, wie
Nietwerkstoffe, Stauchverformungen erfahren. Für die Prüfung ver-

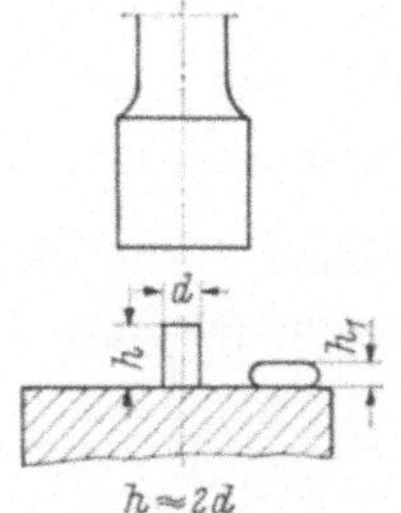

Bild 111. Stauchversuch

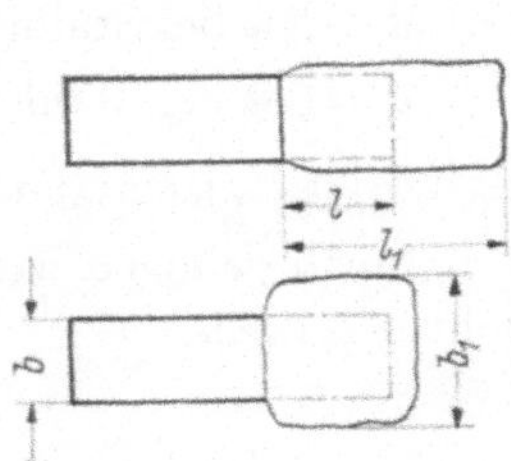

Bild 112. Ausbreitversuch

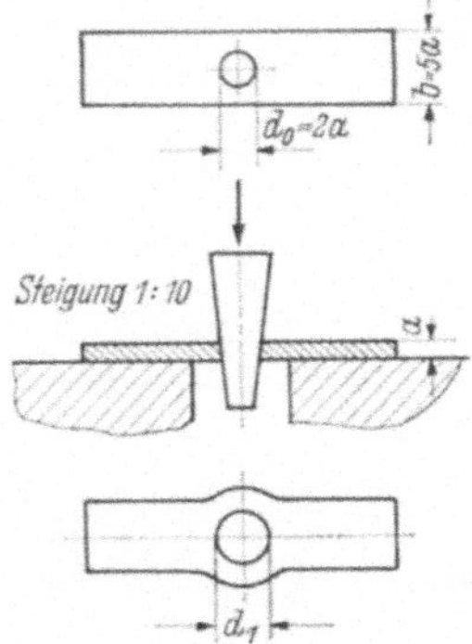

Bild 113. Aufdornversuch

wendet man zylindrische Probekörper, deren Höhe ungefähr gleich dem
doppelten Durchmesser ist und die man meist bei Schmiedetemperatur

prüft. Der Körper wird gestaucht, bis sich Anrisse auf der Mantelfläche zeigen. Ermittelt wird das Stauchverhältnis $[(h - h_1)/h] \cdot 100\%$.

b) Der *Warmbiegeversuch* entspricht dem Faltversuch bei Blechen. Die Versuchstemperatur ist in diesem Fall die Schmiedetemperatur.

c) *Ausbreitversuch* (Bild 112). Beim Anriß werden festgestellt: die Streckung $[(l_1 - l)/l] \cdot 100\%$ und die Breitung $[(b_1 - b)/b] \cdot 100\%$.

d) *Aufdornversuch* (Bild 113). Aus einem Stück Flacheisen oder einem Blechstreifen wird ein Loch, dessen Durchmesser etwa gleich der doppelten Probendicke ist, ausgeschlagen. Das vorgeschlagene Loch wird dann durch einen Dorn bis zum Auftreten von Kantenrissen geweitet. Ermittelt wird die Erweiterung $[(d_1 - d_0)/d_0] \cdot 100\%$.

1.6.8. Schmelzschweißnähte

a) Der *Faltversuch* (DIN 50121) ist auch hier der wichtigste technologische Versuch. Fehler, wie Lunker und Einbrandkerben, sind gut erkennbar. Die Probenstäbe sind einheitlich 30 mm breit. Die Schweißnaht liegt in der Querachse. Die Kanten der Zugseite werden mit $r = 0,1\,a$ (a = Probendicke) abgerundet. Auf der Druckseite muß der Wulst so weit abgearbeitet werden, daß der Druckstempel auf eine ebene Fläche drückt. Die Dicke des Stempels beträgt

$$d = 2\,a \text{ bei Stählen bis } 420 \text{ N/mm}^2 \text{ Zugfestigkeit,}$$
$$d = 3\,a \text{ bei Stählen über } 420 \text{ N/mm}^2 \text{ Zugfestigkeit.}$$

Die Stäbe müssen gleichmäßig langsam und ohne Unterbrechung bis zum ersten Anriß gebogen werden. Porenaufbrüche geringen Umfanges gelten nicht als Anriß.

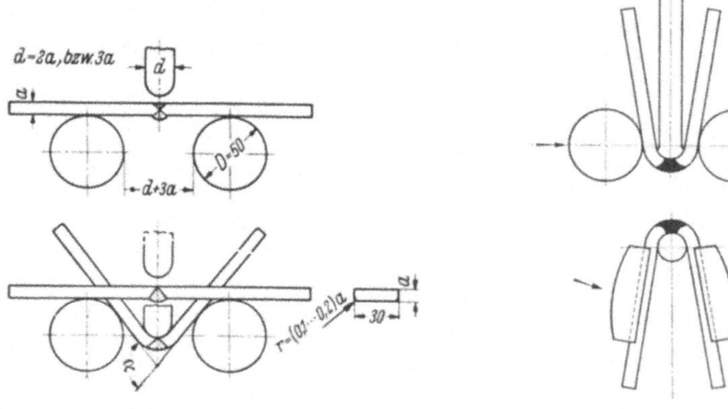

Bild 114. Faltversuch

Bild 115. Fertigbiegen der Proben auf 180°

Die Vorrichtung gemäß Bild 114 ergibt einen größten Winkel von rund 160°. Sollen die Proben auf 180° gebogen werden, müssen die Rollen enger zusammengestellt werden, oder die Biegung wird im Schraubstock mit besonderen Einlagebacken durchgeführt (Bild 115).

b) *Aufschweißbiegeversuch* (DIN 17100). In die Probe mit den Abmessungen (6 s + 300) × 200 × s wird eine halbkreisförmige Nut (r = 4 mm) eingearbeitet und diese in einer Lage zugeschweißt. Beim Biegen muß ein zäher Verformungsbruch auftreten (Bild 116).

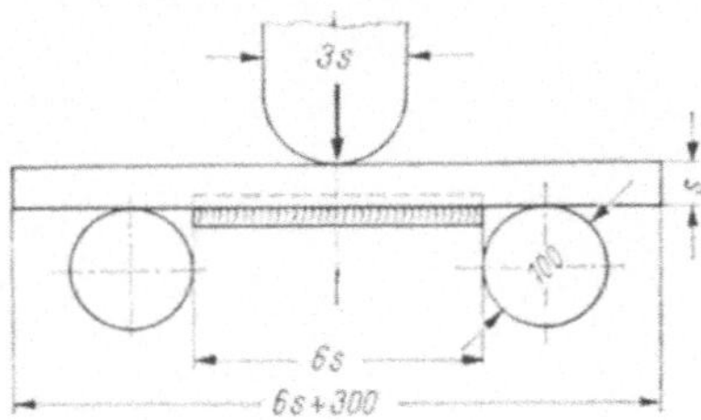

Bild 116. Aufschweißbiegeversuch

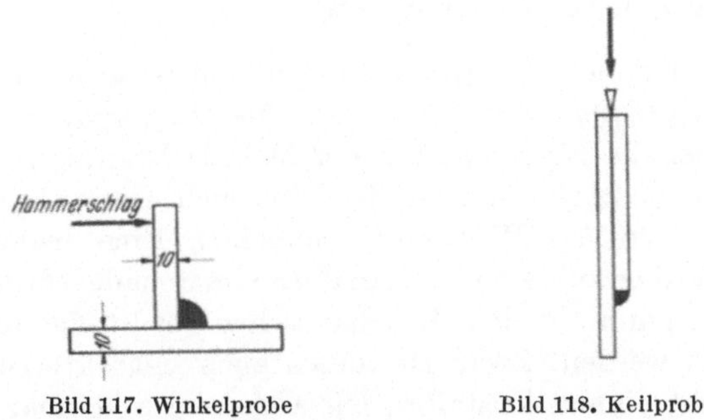

Bild 117. Winkelprobe

Bild 118. Keilprobe

c) *Winkelprobe* (Bild 117) (DIN 50127).

d) *Keilprobe* (Bild 118) (DIN 50127).

In beiden Fällen gibt das Bruchgefüge Aufschluß über die Schweißung. Diese Proben dienen auch zur Prüfung und Überwachung von Schweißern (vgl. DIN 8560). In DIN 50126 und 50127 sind weitere Proben für diesen Zweck angegeben.

2. Gefügeuntersuchung

2.1. Metallographische Untersuchung

Die Aufgabe der metallographischen Untersuchung ist die Beurteilung des *kristallinen Gefüges* der Metalle. Die Metallographie sagt nur mittelbar etwas über die Eigenschaften der Metalle aus: man kann aus Art, Anordnung und Eigenschaften der einzelnen Gefügebestandteile auf die Eigenschaften des Werkstoffs schließen. Eine bedeutende Rolle spielt die Metallographie bei der Analyse von Schadensfällen.

Das Gefüge kann aus dem Bruchaussehen des Stoffes nicht entscheidend erkannt werden. Zwar ist dieses auch charakteristisch für den Stoff und sieht einmal kristallin, ein andermal scheinbar amorph aus, aber es ist abhängig von der Art der mechanischen Beanspruchung beim Bruch und kann unter Umständen ganz unabhängig vom inneren Aufbau lediglich die Art der Bruchbeanspruchung kennzeichnen. Erst durch eine mikroskopische Untersuchung kann man das Gefüge des Stoffes erkennen. Dazu ist es erforderlich, an der zu untersuchenden Stelle eine Fläche höchster Ebenheit anzuarbeiten. Diese wird zunächst mit Schleifpapieren verschiedener Körnung *geschliffen*, was entweder von Hand durchgeführt wird oder auf Maschinen mit umlaufenden Schleifbändern oder Scheiben, und anschließend poliert. Das *Polieren* geschieht mit Schmirgel (Vorpolieren) und fein aufgeschlämmter Tonerde (Feinpolieren) auf rotierenden Filz- oder Wollscheiben. Darüber hinaus gibt es Vibriergeräte, bei denen die Proben frei beweglich auf der Polierfläche liegen. Dadurch ist eine unzulässige Erwärmung, was beim Polieren auf rotierenden Scheiben durch zu starkes Andrücken leicht eintreten kann, praktisch ausgeschlossen. In vielen Fällen ist das elektrolytische Polieren (hierfür gibt es Spezialgeräte) vorteilhaft einzusetzen, insbesondere wenn eine Oberfläche verlangt wird, die keinerlei mechanische Verfestigung aufweisen darf (z. B. bei der Kleinlast- und Mikrohärteprüfung, vgl. Abschnitt 1.4.2.). In neuerer Zeit hat sich das Schleifen und Polieren mit Diamantpasten verschiedener Körnung ziemlich stark eingeführt. Vor allem empfindliche Schliffe, wie z. B. Pb oder Sn, lassen sich mit dieser Methode recht gut bearbeiten.

Ein Schliff läßt bereits mit dem bloßen Auge oder unter Zuhilfenahme einer Lupe gröbere Einschlüsse, Risse und grobe Gefügeausbildungen erkennen. Im Schliff eines Graugusses ist z. B. der Graphit bei grober Ausbildung schon mit der Lupe erkennbar. Untersuchungen bis zu etwa 15facher Vergrößerung nennt man makroskopisch, bei Vergrößerung über das 15fache hinaus mikroskopisch, wobei diese Grenze jedoch nicht allgemeingültig festgelegt ist. Die mikroskopische Betrachtung ergibt die Möglichkeit, unterschiedlich feine Gefügebestandteile verschiedener Färbung sowie feinste Einschlüsse und dergleichen zu sehen. In den meisten Fällen lassen sich aber die Gefügebestandteile noch nicht ohne weiteres erkennen. Vielmehr muß die Schlifffläche mit besonderen *Ätzmitteln* behandelt werden, die die einzelnen Gefügebestandteile oder die Grenzen der einzelnen Kristallite angreifen.

Dieses Verfahren wird sowohl für die makroskopische wie für die mikroskopische Beobachtung angewendet. Durch *makroskopische Ätzung*

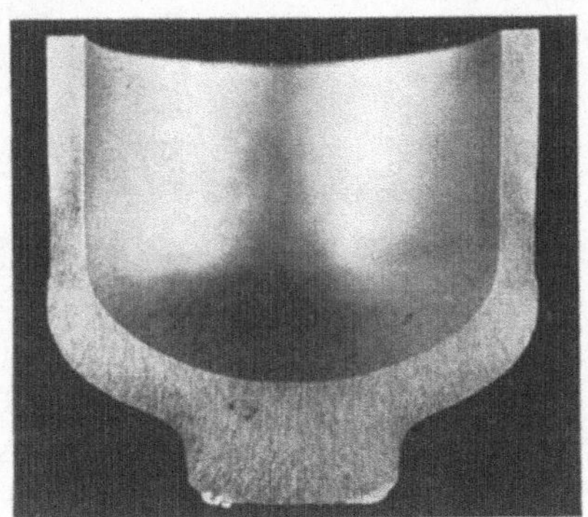

Bild 119. Gesenkschmiedestück, makroskopisch geätzt

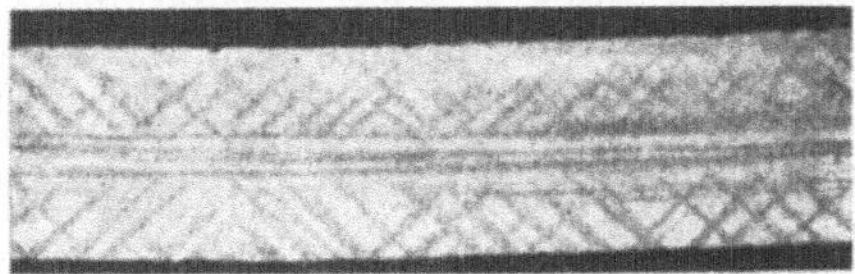

Bild 120. Fließlinien, durch Frysche Ätzung sichtbar gemacht

C-armer Stähle (mit Kupferammoniumchlorid) können z. B. Phosphorseigerungen im Stahl festgestellt werden. Die Bestimmung der Phosphorseigerungen ist praktisch sehr wichtig, weil stark phosphorhaltiger Werkstoff trotz vorhandener guter statischer Festigkeitseigenschaften gegen schlagartige Beanspruchung sehr empfindlich ist. Das Aussehen eines Schliffes nach einer makroskopischen Ätzung zeigt Bild 119; man kann durch die Ätzung einen guten Einblick in den Faserverlauf dieses Werkstückes und somit gute Aufschlüsse über die Verformungsvorgänge bekommen.

Besondere Erwähnung verdient in diesem Zusammenhang das Frysche Ätzmittel, durch dessen Wirkung im Schliff eines kaltgereckten Werkstoffs, der vor der Ätzung eine halbe Stunde bei 200 °C angelassen wurde, von der Verformung herrührende Fließlinien erkennbar werden (Bild 120).

Durch *mikroskopische Ätzung* können die Kristallite für die mikroskopische Betrachtung erkennbar gemacht werden; man unterscheidet Korngrenzen- und Kornflächenätzung. Im ersten Fall erscheinen die

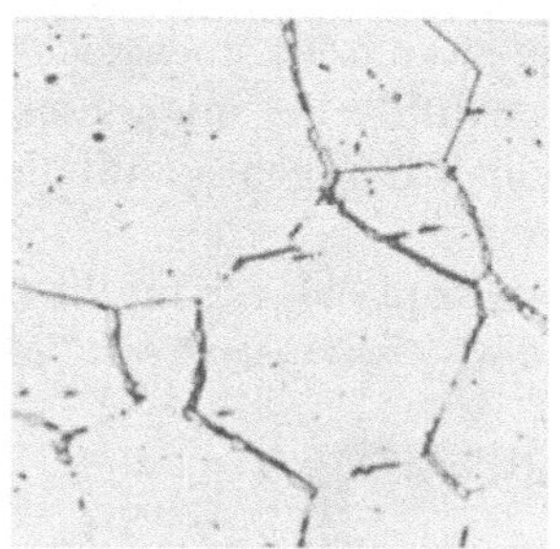

Bild 121. Korngrenzenätzung (Ferrit)
V = 300:1

Bild 122. Kornflächenätzung (Ferrit)
V = 300:1

Grenzen der einzelnen Kristallite in der Schlifffläche als schwarze Linien, im anderen werden die einzelnen Kristallite, deren Hauptorientierungsachsen zur Schlifffläche verschieden gerichtet sind, unterschiedlich angegriffen, oder es bilden sich Deckschichten unterschiedlicher Dicke, so daß die Kornflächen im Mikroskop verschieden hell erscheinen. Die Bilder 121 und 122 zeigen z. B. das Gefüge von Stahl mit sehr geringem C-Gehalt nach den beiden Ätzverfahren.

Je nach Werkstoff und Zweck der Untersuchung wird ein geeignetes Ätzmittel gewählt. Verwendet werden Säuren und Basen in Wasser, verschiedenen Alkoholarten oder anderen Lösungsmitteln. Es gibt eine große Zahl verschiedener Ätzrezepte, die überwiegend empirisch entwickelt wurden und die hier nicht beschrieben werden können. Es sei diesbezüglich auf die Spezialliteratur verwiesen.

Das Ätzen selbst erfordert viel Geschick, da sowohl der Verdünnungsgrad des Ätzmittels als auch die Temperatur, die Dauer der Einwirkzeit, die Bewegung des Schliffes usw. einen Einfluß auf das Ergebnis haben.

Das mikroskopische Gefügebild zeigt somit das eigentliche *Feingefüge* des Metalles. Bei schwacher Vergrößerung von 100, 200, 500 sieht man unregelmäßige Flächengruppen und Netzliniengebilde, bei stärkerer Vergrößerung von 1000 bis über 1500 erscheinen in den Flächen regelmäßige Liniengruppen bestimmten Charakters und verschiedener Orien-

tierung. Einfache Bilder, wie sie die Korngrenzen- und Kornflächenätzung in den Bildern 121 und 122 zeigt, treten nur bei homogenem
Gefüge auf. Die meisten Metallegierungen haben heterogenes Gefüge,
das aus einem feinverteilten Gemenge verschiedener Gefügebestandteile
besteht. Diese Gefüge kann man bei mikroskopischer Betrachtung mit
steigenden Vergrößerungen bis in die feinsten Ausbildungen erkennen.
Man geht bei der Untersuchung von der geringsten Vergrößerung
schrittweise zu stärkeren über. Dabei zeigt sich, daß die Gefügezusam-
mensetzung außerordentlich verwickelt ist, wie die Bilder 123 und
124 erkennen lassen.

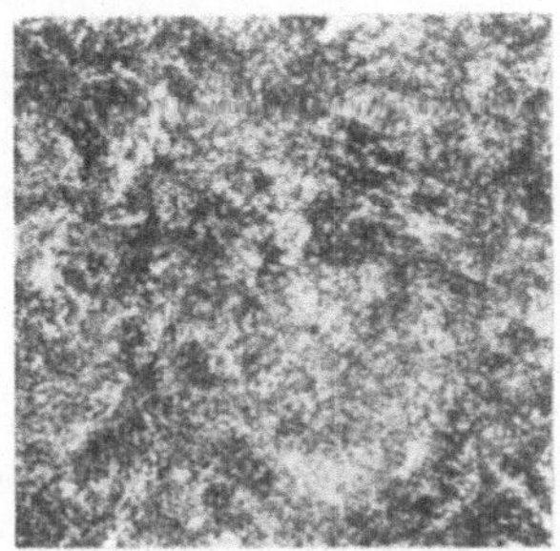

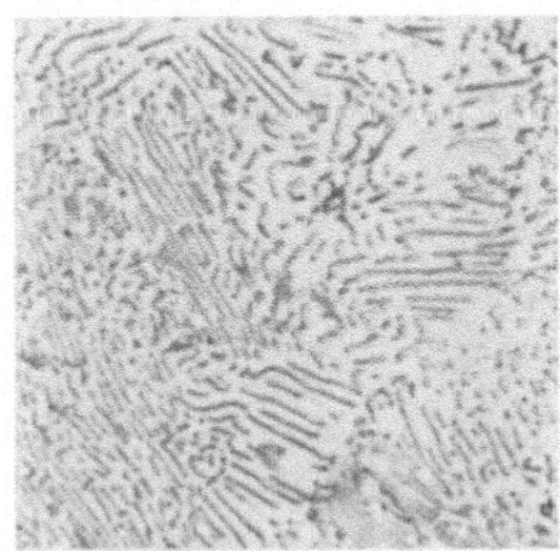

Bild 123. V = 200:1

Bild 124. V = 1000:1

Bilder 123 u. 124. C-Stahl mit 0,9% C, geglüht

Die üblicherweise verwendeten Lichtmikroskope haben ihre Grenze
bei Vergrößerungen von etwa 1600:1.

Noch tiefere Einblicke in den Gefügeaufbau gestattet die *Elektronen-
mikroskopie*, mit der Vergrößerungen erreicht werden, die um mehrere
Größenordnungen höher sind, als sie mit einem Lichtmikroskop erzielt
werden können. Den weitaus größten Anwendungsbereich haben die
sogenannten Raster-Elektronenmikroskope gefunden, mit denen sich
Vergrößerungen von etwa 20:1 bis 100000:1 erreichen lassen, und zwar
stufenlos veränderlich. Das Prinzip dieser Mikroskope beruht darauf,
daß ein feiner, gebündelter Elektronenstrahl durch Ablenkspulen
zeilenförmig über den zu untersuchenden Probenbereich geführt wird,
wobei aus der Oberfläche Sekundärelektronen herausgelöst werden.
Diese werden zusammen mit den rückgestreuten Elektronen des aus-
lösenden Strahls aufgefangen und dazu verwendet, die Helligkeit des
Schreibstrahls einer Bildröhre gleichlaufend zu steuern (das Prinzip
ähnelt also dem des Fernsehens). Die Vergrößerung ergibt sich aus dem
Verhältnis der Zeilenlänge auf dem Bildschirm zur Zeilenlänge der
Abtastung auf der Probenoberfläche.

Der große Vorteil der Raster-Elektronenmikroskope liegt nicht so
sehr im erweiterten Vergrößerungsbereich als vielmehr in der gegenüber
den Lichtmikroskopen um mehrere Zehnerpotenzen größeren Schärfen-

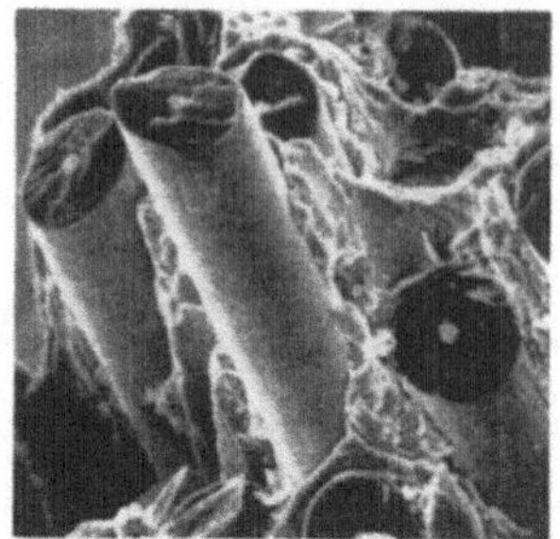

Bild 125. Raster-elektronenmikroskopische Aufnahme eines Bruches
(in Aluminium eingelagerte Borfäden)

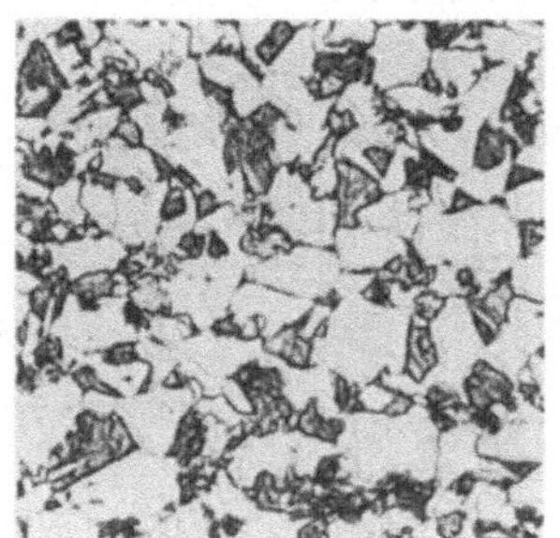

Bild 126. Stahl, gegossen. V = 200:1

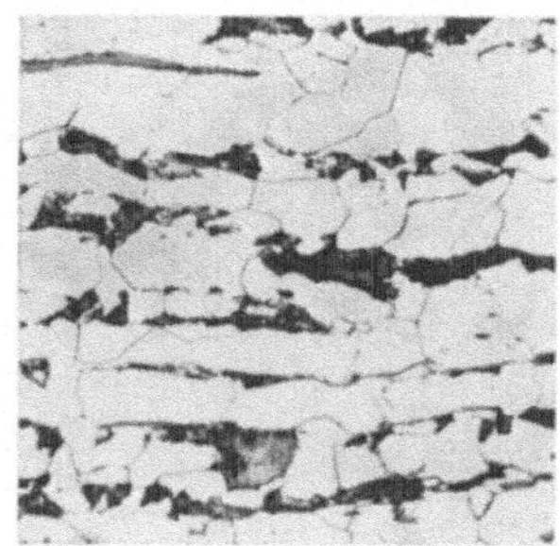

Bild 127. Stahl, geschmiedet. V = 200:1

Bild 128. Stahl, gehärtet. V = 300:1

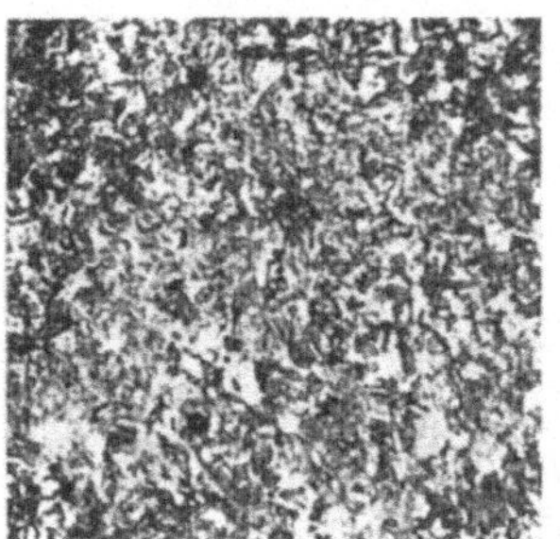

Bild 129. Stahl, gehärtet und angelassen
(vergütet). V = 300:1

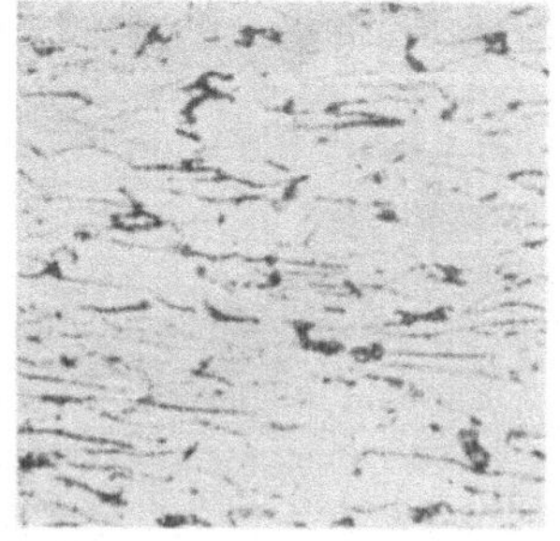

Bild 130. Stahl, kalt gereckt. V = 200:1

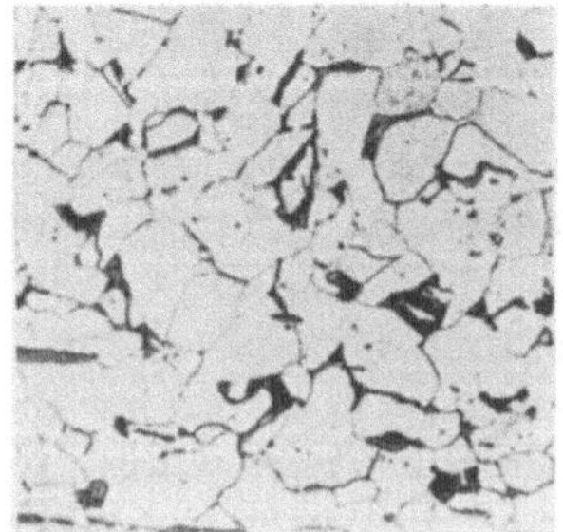

Bild 131. Stahl, rekristallisiert. V = 200:1

tiefe. Dadurch ergeben sich zum Teil außerordentlich plastische Bilder (Bild 125), die die Beurteilung von Gefügedetails wesentlich erleichtern können.

Die Gefügeausbildungen sind bei den Metallen abhängig von ihrer Entstehung aus der Schmelze, von einer mechanischen Behandlung durch Warm- und Kaltverformung und von den Wärmebehandlungen: Glühen, Härten, Anlassen, Vergüten, Rekristallisieren. Infolgedessen lassen die Gefügebilder außer der Art, Menge und Erscheinungsform der Bestandteile oft auch die Art der vorangegangenen Beanspruchung und Behandlung erkennen (Bild 126 bis 131). Bei den Bildern 126 bis

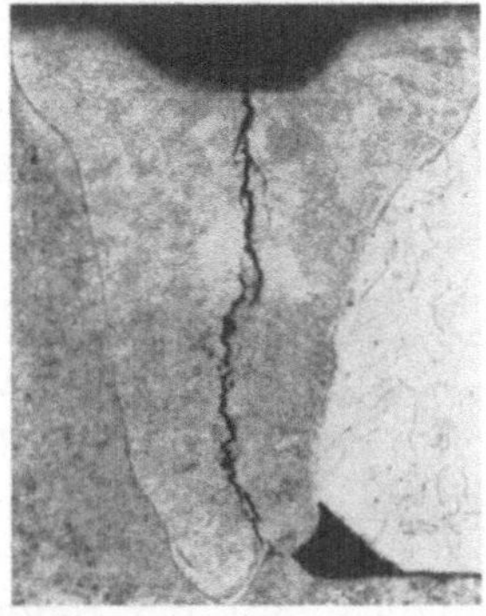

Bild 132. Schweißnaht mit Riß. V = 100:1.
Linker, dunkler Bildteil: perlitischer Stahl;
rechter, heller Bildteil: austenitischer Stahl

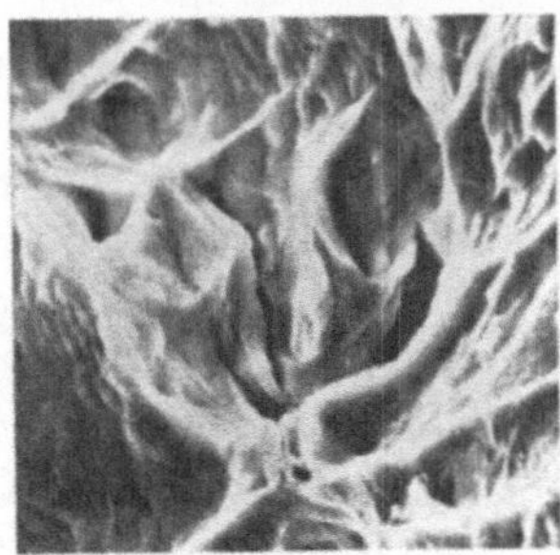

Bild 133. Duktiler Bruch. V = 1250:1

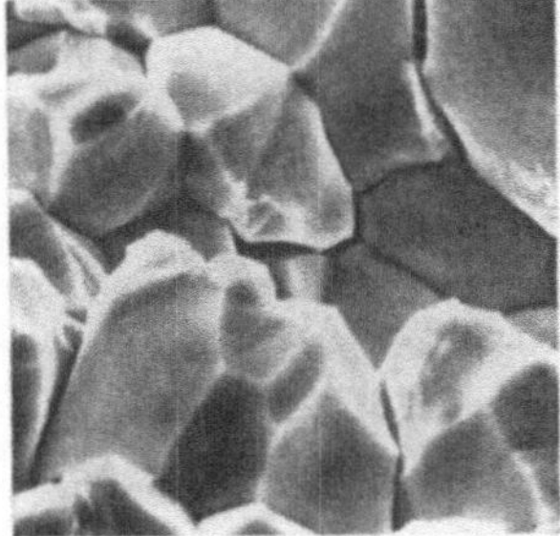

Bild 134. Spröder Bruch. V = 1250:1

Bilder 133 u. 134. Mit einem Raster-Elektronenmikroskop aufgenommene Bruchflächen
(Werkstoff: Nickel)

129 handelt es sich um einen unlegierten Stahl mit etwa 0,35% C, bei den Bildern 130 und 131 um einen sehr weichen Stahl mit etwa 0,1% C.

Durch die mechanischen Festigkeitsuntersuchungen an Werkstoffen mit bestimmten Gefügebildern lassen sich Beziehungen zwischen Festigkeitseigenschaften und Schliffbildern aufstellen, die dann bei großer Erfahrung eine gewisse Beurteilung der Festigkeitswerte und sonstigen Eigenschaften aus dem Schliffbild ermöglichen.

Beispiele für den Einsatz der Metallographie in der Schadensanalyse zeigen die Bilder 132 bis 134. Bild 132 bringt einen Schnitt durch eine aufgerissene Schweißnaht. Die Ätzung läßt die verschiedenen Grundwerkstoffe sowie die Schweißnaht mit dem Riß deutlich erkennen. Bei den Bildern 133 und 134 handelt es sich um zwei mit einem Raster-Elektronenmikroskop gemachte Aufnahmen von Bruchflächen. Wegen der großen Schärfentiefe der Geräte (siehe oben!) ist die Herstellung eines Schliffes oft nicht erforderlich, sondern man kann die betreffenden Oberflächen ohne eine besondere Präparation (und damit ohne Beeinflussung) direkt untersuchen. Bild 133 zeigt das typische Aussehen eines duktilen Bruchs, Bild 134 das eines spröden, an den Korngrenzen verlaufenden („interkristallinen") Bruchs. In beiden Fällen handelt es sich um Nickel; die Versprödung wurde durch einen unzulässig hohen Schwefelgehalt (0,003 %) hervorgerufen.

2.2. Röntgenographische Untersuchung

2.2.1. Raumgitter.
Durch die metallographische Untersuchung kann nur die Anordnung der Kristallite erkannt werden, sie gibt aber keinen Aufschluß über ihren inneren Aufbau, ihre Struktur, deren Kenntnis zur Erklärung verschiedener Eigenschaften und besonders vieler chemischer Vorgänge notwendig ist. Mit der röntgenographischen Untersuchung ist es möglich, auch über den atomaren Aufbau eines Kristalles Aufschluß zu erhalten. Eine solche *Feinstrukturuntersuchung* mit Röntgenstrahlen ist oft von großer Bedeutung.

Es hat sich gezeigt, daß die Atome der Metalle in einem Kristall in Form eines bestimmten räumlichen Gitters angeordnet sind. Zur Darstellung dieser *Raumgitterform* wird für die einzelnen Stoffe die Form des Elementarkörpers angegeben, d. h. des kleinsten möglichen Ausschnittes, aus dem durch paralleles Aneinandersetzen das Raumgitter aufgebaut werden kann. Die einfachste Form des Elementarkörpers zeigt das kubische Gitter, bei dem die Atome in den acht Ecken eines

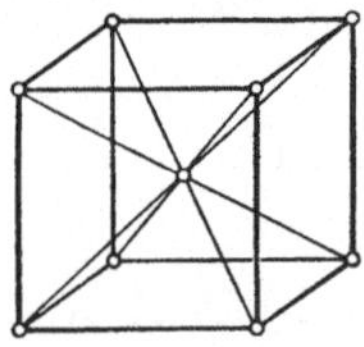

Bild 135. Kubisch-raumzentriertes Gitter

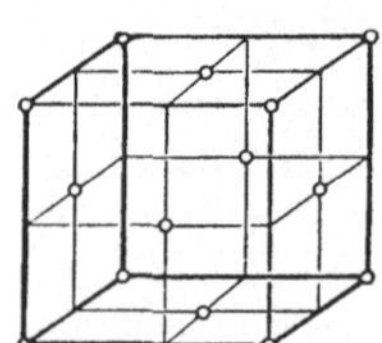

Bild 136. Kubisch-flächenzentriertes Gitter

Würfels sitzen. Beim kubisch-raumzentrierten Gitter (Bild 135) befindet sich noch ein Atom im Schnittpunkt der Raumdiagonalen (z. B. Anordnung des α-Eisens), im kubisch-flächenzentrierten Gitter (Bild 136) ist

außer den acht Eckatomen noch je ein Atom in den sechs Flächen-
mitten vorhanden (z. B. γ-Eisen).

Neben diesen einfachen Elementarkörpern gibt es noch verschiedene
andere. Die Röntgenstrahlen ermöglichen die Erkenntnis bzw. den
Nachweis eines solchen Aufbaues durch die Erscheinung, daß die Strahlen beim Durchtritt durch kristalline Stoffe gebeugt werden.

2.2.2. Einkristall-Verfahren. Das zuerst von M. v. Laue zusammen
mit Knipping und W. Friedrich angewandte Verfahren benutzt das
Gitter eines einzelnen Kristalls als Beugungsgitter für die Röntgenstrahlen. Hierbei wird das polychromatische Strahlenbündel durch die
Beugung in ein Spektrum monochromatischer Strahlen zerlegt, die auf

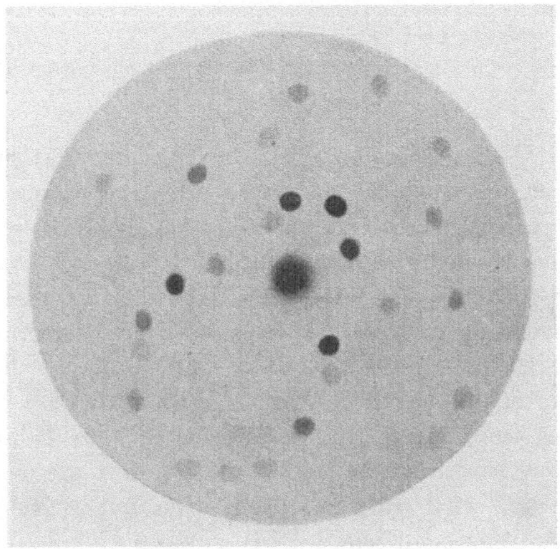

Bild 137. Laue-Bild von Aluminium

einem Film aufgefangen werden und dort das Laue-Bild ergeben. Ein
Beispiel zeigt Bild 137. Die Entstehung des Bildes kann so erklärt werden, daß einzelne Strahlen beim Durchgang durch den Kristall infolge
Beugung eine Richtungsänderung erhalten haben, wie bei der Beugung
eines Lichtstrahls an einem Spalt die Strahlen verschiedener Wellenlänge unter verschiedenen Winkeln abgelenkt werden.

Nach Bragg können die Beugungserscheinungen am Kristallgitter
auch als Reflexionen an den Gitterebenen gedeutet werden. Das nach
ihm benannte Gesetz sagt aus, daß Röntgenstrahlen an einem Atom-
gitter reflektiert werden, wenn eine bestimmte Beziehung zwischen
der Wellenlänge λ, dem Einfallswinkel ϑ zu einer Gitterebene und dem
Abstand d der einzelnen Ebenen besteht. In Bild 138 erzeugen die von
den Röntgenstrahlen s_1 und s_2 getroffenen Atome A und B Sekundär-
wellen nach allen Richtungen. Diese verstärken sich gegenseitig dann,
wenn sie „in Phase" sind, d. h. wenn jeweils Wellenberg und Wellental

der Schwingung zusammenfallen. Das ist dann der Fall, wenn der Umweg des Strahls s_2 C—B—D ($= 2\,d\,\sin\vartheta$) um ein ganzzahliges Vielfaches ($n = 1, 2, 3 \ldots$) länger ist als die Wellenlänge λ. Demnach tritt eine Reflexion nur ein, wenn folgende Beziehung (Braggsche Beziehung) erfüllt ist:

$$n\,\lambda = 2\,d\,\sin\vartheta.$$

Da beim Laue-Verfahren der zu untersuchende Kristall stillsteht, bleibt die Wellenlänge λ die einzige variable Größe in der Gleichung. Demnach

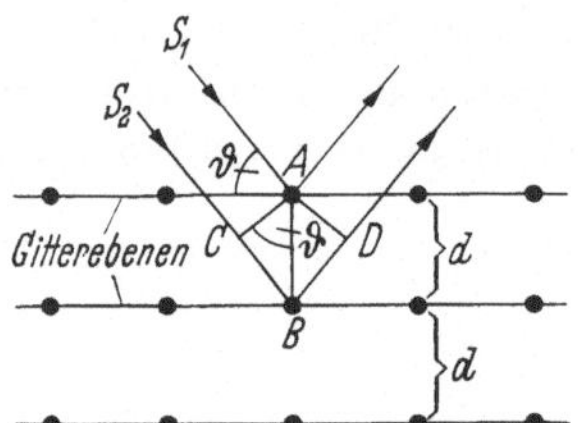

Bild 138. Reflexion von Röntgenstrahlen an einem Kristallgitter

geben aus dem Wellenlängengemisch des polychromatischen Röntgenstrahls alle diejenigen Wellenlängen λ einen Reflex, die mit dem Einfallswinkel ϑ und den Ebenenabständen d die Braggsche Beziehung erfüllen.

Mit Hilfe eines Rechenverfahrens läßt sich aus den Laue-Aufnahmen das Gitter bzw. die Lage des Kristalls der Probe bestimmen.

Da die Auswertung verhältnismäßig schwierig ist und dünne Einkristalle nicht so einfach herzustellen sind, hat das Laue-Verfahren gegenüber dem sogenannten „Drehkristallverfahren" an Bedeutung verloren. Dieses arbeitet mit monochromatischem Röntgenlicht. Die Probe, ein stäbchenförmiger Einkristall, ist von einem zylindrischen Film umgeben und wird während der Aufnahme gedreht. Sofern eine Reihe von verfahrenstechnischen Bedingungen eingehalten wird (z. B. soll die Drehachse des Einkristalls mit der Gittergeraden zusammenfallen, deren Atomabstand bestimmt werden soll), ist die Auswertung wesentlich einfacher und aussagefähiger als beim Laue-Verfahren.

2.2.3. Vielkristall-Verfahren. Im Gegensatz zum Laue- und Drehkristall-Verfahren ist man beim Debye-Scherrer-Verfahren nicht auf Einkristalle angewiesen, sondern verwendet polykristalline Proben, sei es in Form von losem Metallpulver in einem dünnen Glasröhrchen, sei es in Form eines dünnen Stäbchens. Werden die Proben mit monochromatischem Röntgenlicht durchstrahlt, dann finden die Strahlen unter den vielen ungeordneten Kristalliten immer solche vor, deren Orientierung der Braggschen Reflexionsbedingung genügen. Durch Drehen der Proben um ihre Längsachse kann die Zahl der günstig orientierten Kristallite noch erhöht werden. Die gebeugten Strahlen erfüllen dann einen Kegelmantel mit dem halben Öffnungswinkel $2\,\vartheta$, den man aus den Schwärzungslinien auf einem photographischen Film entnehmen kann, der koaxial um die Probe gelegt wird (Bild 139). Zwei derartige Filmaufnahmen zeigt Bild 140. Besteht die Probe aus mehreren Kristallarten, treten die zugehörigen Interferenzen gleichzeitig auf, aus deren Intensitäten (unterschiedliche Schwärzung des Films) die Mengenanteile der einzelnen Kristallarten ermittelt werden können.

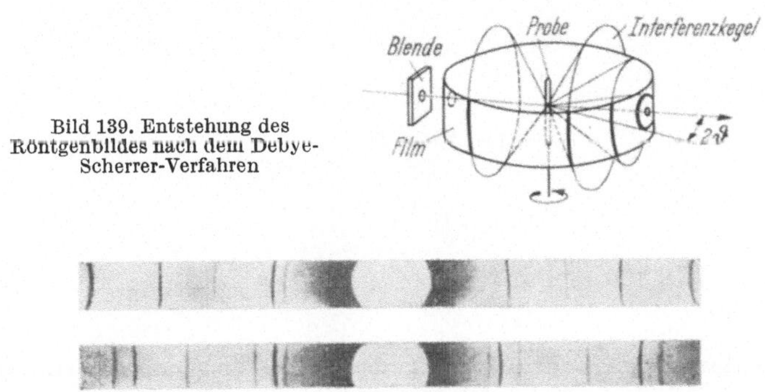

Bild 139. Entstehung des Röntgenbildes nach dem Debye-Scherrer-Verfahren

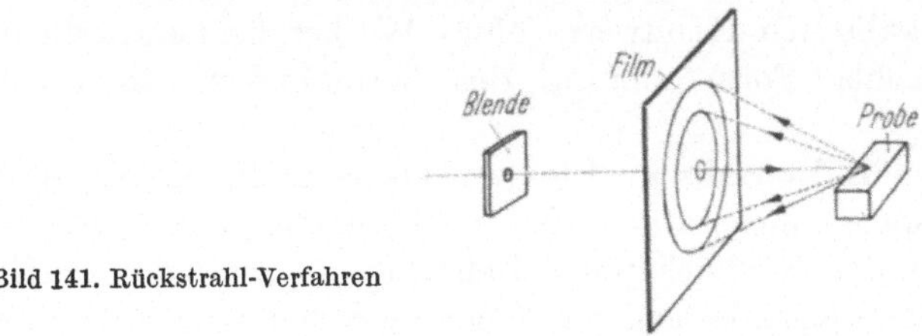

Bild 140. Debye-Scherrer-Aufnahme von α-Eisen und γ-Eisen

Neben der Bestimmung der Gitterparameter und der Mengenanteile verschiedener Gefügebestandteile wird das Verfahren auch zur Identifizierung unbekannter Substanzen verwendet. Die Auswertung wird durch eine umfangreiche Kartei erleichtert, die von der ASTM[1] herausgegeben wird und in der alle für die Bestimmung eines Stoffes wichtigen Daten angegeben sind.

Das Rückstrahl-Verfahren ähnelt im Prinzip dem Debye-Scherrer-Verfahren. Dadurch, daß man von massiven Proben ausgeht, stehen für die Auswertung aber nur die Interferenzen zur Verfügung, die von der Prüffläche aus nach rückwärts gehen. Entsprechend wird der Film zwischen der Röntgenstrahlenquelle und der Probe angeordnet (Bild 141).

Bild 141. Rückstrahl-Verfahren

Das Verfahren wird außer zur Ermittlung der Gitterparameter vor allem zur Textur- und Korngrößenbestimmung sowie zur Messung elastischer Spannungen (vgl. Abschnitt 3.1.5.) eingesetzt.

In neuerer Zeit verwendet man beim Debye-Scherrer- und beim Rückstrahl-Verfahren anstelle des Films häufig ein Zählrohr-Interferenz-Goniometer zum Nachweis der Interferenzen. Diese Geräte sind nicht nur empfindlicher, man kann mit ihnen vor allem auch die Intensität der Reflexe direkt quantitativ messen.

---

[1] Vgl. Fußnote S. 34.

3. Zerstörungsfreie Werkstoffprüfung

Diese Prüfart ermöglicht auf verschiedenste Weise sowohl die Messung von Spannungen als auch die Ermittlung von Eigenschaften und von Fehlerstellen, ohne daß das Werkstück zerstört oder auch nur beschädigt wird.

3.1. Spannungsmessungen

Wie im Abschnitt 1.1. erwähnt, sind im Bereich der elastischen Verformung Spannungen und Dehnungen in einfacher Weise gesetzmäßig miteinander verknüpft, so daß bei bekannten Spannungen leicht die zugehörigen Formänderungen über die Elastizitätskonstanten des Werkstoffs berechnet werden können und umgekehrt. Tatsächlich wird in allen Fällen die Messung von Spannungen auf die Messung der entsprechenden Formänderungen zurückgeführt.

Grundsätzlich kann man für eine Spannungs- bzw. Dehnungsmessung alle physikalischen Kennwerte eines Werkstoffs heranziehen, die sich bei elastischer Formänderung des betreffenden Stoffs zahlenmäßig ändern.

3.1.1. Reißlackverfahren. Ein verhältnismäßig einfaches Verfahren, den Beanspruchungszustand an der Oberfläche eines Bauteils zu untersuchen, ist das Reißlack- oder Dehnungslinienverfahren. Hierbei wird das zu untersuchende Teil mit einem spröden Lack überzogen, der so fest haftet, daß die Verformung an der Oberfläche auf ihn übertragen wird. Der Lack ist so spröde, daß er bereits bei sehr geringen Spannungen, die weit unterhalb der Elastizitätsgrenze des Bauteils liegen, aufreißt, wobei die Risse senkrecht zu der an der betreffenden Stelle wirkenden Zugspannung verlaufen.

Die bekanntesten Reißlackverfahren sind das Maybach- und das amerikanische Stresscoat-Verfahren, von denen das letztere in Verbindung mit bestimmten Eichproben nicht nur eine qualitative, sondern auch eine quantitative Aussage über die auftretende Beanspruchung gestattet. Die vorgeschriebenen Versuchsbedingungen sind genau einzuhalten, da Abweichungen in der Temperatur, der Luftfeuchtigkeit, der Trockenzeit u. a. das Ergebnis wesentlich beeinflussen können.

3.1.2. Messungen mit mechanischen und optischen Gebern. Die auf mechanischer oder optischer Basis arbeitenden Meßgeräte werden vorwiegend für statische Messungen angewandt, da sie für schnell verlaufende Vorgänge meist zu träge sind. In der Regel besteht das Meßprinzip darin, daß die Änderung einer durch zwei Schneiden oder Spitzen, von denen eine fest und eine beweglich ist, abgegrenzten Meßlänge ermittelt wird. Da diese Änderungen im allgemeinen sehr klein sind, müssen sie für die Anzeige entsprechend übersetzt werden. Das geschieht bei mechanischen Gebern meist in der Weise, daß die Drehung bzw. Verschiebung der beweglichen Schneide oder Spitze über eine mehrfache Hebelübersetzung auf einer entsprechend geeichten Skala angezeigt wird. Sehr empfindlich sind auch die Geräte, bei denen durch die Verschiebung der beweglichen Schneide ein um die Längsachse verdrehtes Metallband mehr oder weniger stark gespannt wird, was eine Drehung eines mit dem Band verbundenen Zeigers zur Folge hat. Bei den optischen Geräten tritt an die Stelle der Hebelübersetzung, ähnlich wie beim Martens-Spiegelfeinmeßgerät (vgl. S. 21), ein durch Spiegel umgelenkter Lichtstrahl.

3.1.3. Messungen mit pneumatischen Gebern. Das Prinzip der Geräte beruht darauf, daß mit konstantem Druck Luft aus einer Düse gegen eine mit der beweglichen Schneide verbundenen Platte geblasen wird. Verschiebt sich bei Änderung der Meßlänge die Platte, so ändert sich der wirksame Strömungsquerschnitt der Düse und damit auch der in einer vor der Düse befindlichen Staukammer herrschende Druck. Die Druckänderung ist somit ein Maß für die Dehnung. Das Übersetzungsverhältnis dieser Geräte ist sehr hoch, d. h. die Meßlänge kann sehr klein gemacht werden.

3.1.4. Messungen mit elektrischen Gebern. Bei diesen Geräten wird die Änderung der Meßlänge induktiv, kapazitiv oder über die Änderung des Ohmschen Widerstandes gemessen. Die kapazitiven Geber haben keine weite Verbreitung gefunden. Bei den induktiven Gebern ist mit der beweglichen Schneide ein magnetischer Anker verbunden, der sich bei einer Veränderung der Meßlänge in einer feststehenden Spule verschiebt, wodurch sich deren Induktivität ändert. Die Induktivität kann sehr genau gemessen werden.

Ein wichtiges und vielseitiges Meßverfahren ist die Dehnungsmessung mit dem *Dehnungsmeßstreifen*, bei dem man sich den Effekt zunutze macht, daß sich der elektrische Widerstand eines Drahtes bei dessen Dehnung ändert. Der Dehnungsmeßstreifen besteht aus einer Papier- oder Kunststoffolie von der Größe etwa einer Briefmarke, auf der etwa 0,02 mm dicker Widerstandsdraht zickzackförmig aufgeklebt ist. Der Streifen wird fest auf die zu prüfende Stelle des Werkstückes aufgekittet, so daß der Draht die gleiche Dehnung erfährt wie die entsprechende Stelle des Werkstückes. Wegen seiner verhältnismäßig kleinen Masse kann der Dehnungsmeßstreifen für statische und auch dynamische Messungen, wie z. B. an Turbinenschaufeln, Wellen, Kolben usw. verwendet werden. Die Widerstandsänderungen werden meist über eine Brückenschaltung (Wheatstonesche Brücke) durch ein

Galvanometer angezeigt oder, bei dynamischen Messungen, mit Hilfe eines Oszillographen sichtbar gemacht. Die durch Temperaturschwankungen zusätzlich hervorgerufenen Widerstandsänderungen, die eine scheinbare Dehnung vortäuschen, lassen sich durch geeignete Schaltungen und durch einen Kompensationsstreifen, der dicht neben dem eigentlichen Meßstreifen befestigt ist, ausschalten.

3.1.5. Röntgenographische Messungen. Mit Hilfe von Röntgenstrahlen kann man nicht nur die Art des Raumgitters, wie in Abschnitt 2.2. erwähnt, bestimmen, sondern es ist auch möglich, den Abstand einzelner Atome voneinander zu messen. Bei einer spannungsfreien Probe sind bestimmte Abstände, wie z. B. die Kantenlänge (Gitterkonstante) des Elementarkörpers, unabhängig von der Richtung und der Lage innerhalb der Probe, stets gleich groß. Beim Auftreten von Spannungen wird dieser Abstand je nach Größe und Angriffsrichtung der Spannungen mehr oder weniger stark verändert. Diese Veränderung wird gemessen und aus ihr über die Elastizitätskonstanten des Werkstoffs die zugehörige Spannung berechnet. An Hand mehrerer Messungen mit verschiedenen Einstrahlrichtungen kann der gesamte an der Oberfläche herrschende Spannungszustand ermittelt werden. Auf diese Weise kann man sowohl bestehende Eigenspannungen messen als auch solche Spannungen, die durch Beanspruchung hervorgerufen werden.

Im allgemeinen wird bei der röntgenographischen Spannungsmessung das Röntgenrückstrahlverfahren angewendet (vgl. Abschnitt 2.2.3.). Durch die Änderung des Atomabstandes als Folge der vorhandenen Spannung tritt eine Verschiebung der Interferenzlinien ein, aus der die Spannung ermittelt werden kann. In der Regel bringt man auf die zu untersuchende Probe eine Eichsubstanz auf (z. B. Gold- oder Silberpulver), deren Interferenzlinien mit aufgenommen werden, wodurch der für die Auswertung wichtige Abstand Probe-Film sehr genau bestimmt werden kann.

3.2. Ermittlung von Werkstoffarten und -zuständen

Auf diesem Gebiet überwiegen die magnetischen und elektromagnetischen Induktionsverfahren, da hierbei die Prüfung in den meisten Fällen berührungslos erfolgen kann, die Prüfgeschwindigkeit sehr hoch ist und die Verfahren leicht zu automatisieren sind.

3.2.1. Elektromagnetische Verfahren. Das Prinzip beruht darauf, daß das zu prüfende Stück in den Wirkungsbereich eines durch eine Prüfspule erzeugten magnetischen Wechselfeldes gebracht wird. Dieses Wechselfeld ruft in der Probe Wirbelströme hervor — bei einem ferromagnetischen Werkstoff treten zusätzlich Magnetisierungseffekte auf —, die ihrerseits wiederum ein magnetisches Wechselfeld aufbauen. Dieses Wechselfeld wirkt auf die Prüfspule zurück und verändert deren Scheinwiderstand. Die Änderung hängt einmal von den Eigenschaften der Prüfspule (Frequenz des Wechselfeldes, Abmessungen der Spule, Abstand, Probe — Spule) ab, zum anderen aber auch von den Eigenschaften der Probe (elektrische Leitfähigkeit, Permeabilität, Abmessungen und gegebenenfalls vorhandene Fehler, wie Risse, Poren u. ä.).

Jede dieser Eigenschaften beeinflußt den Scheinwiderstand in kennzeichnender Weise. Durch geeignete Schaltungen ist es möglich, die einzelnen Probeneigenschaften getrennt quantitativ zu messen, wobei je nach Einsatzzweck einige Faktoren (z. B. die Probenabmessungen) unterdrückt, andere besonders hervorgehoben werden können. Die Anzeige erfolgt entweder als Zeigerausschlag auf einem Meßinstrument oder als Punkt oder Kurve auf dem Leuchtschirm einer Kathodenstrahlröhre.

Je nach Form der zu prüfenden Teile unterscheidet man die Tastspulen- und die Durchlaufspulenverfahren (Bild 142 und 143). Die erstgenannten eignen sich besonders für ebene, flächige Proben, während

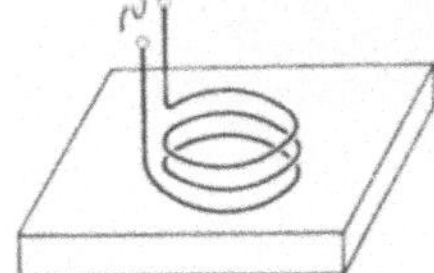

Bild 142. Tastspule

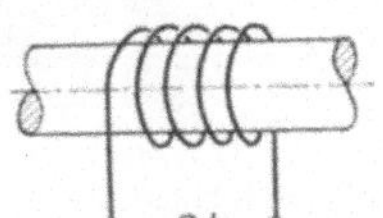

Bild 143. Durchlaufspule

die letzteren bei prismatischen Proben (Stangen, Profile usw.) angewandt werden und besonders für eine Automatisierung der Messung geeignet sind.

Tastspulenverfahren werden besonders für die Messung der elektrischen Leitfähigkeit herangezogen. Andererseits können auch die Eigenschaften, die sich mit der Leitfähigkeit ändern (z. B. Reinheitsgrad von Metallen, Härte bei aushärtenden Leichtmetall-Legierungen usw.) gemessen werden.

Bild 144 zeigt die bei den *Durchlaufspulenverfahren* meist benutzte Anordnung einer Primär- und einer Sekundärspule: die Primärspule erzeugt das Wechselfeld und damit in der Probe die Wirbelströme, die Sekundärspule mißt gesondert die durch das Einführen der Probe bewirkte Änderung des Primärfeldes. Zwei derartige Spulenpaare werden, wie in Bild 145 schematisch dargestellt, häufig zusammen-

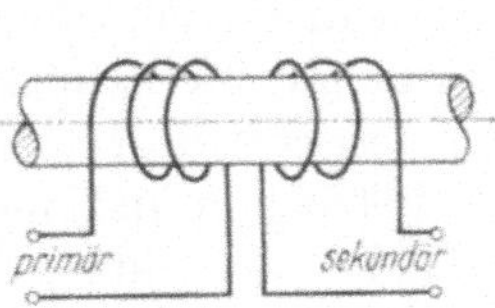

Bild 144. Primär- und Sekundärspule

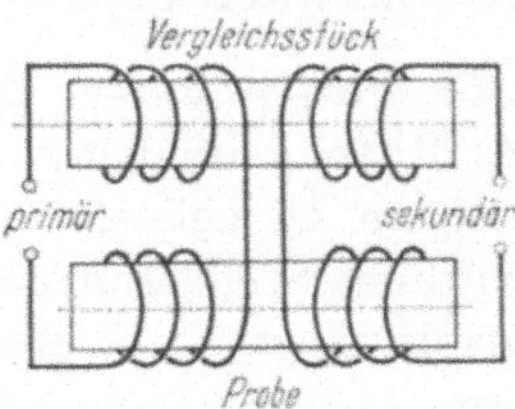

Bild 145. Messung mit Vergleichsstück

geschaltet. In dem einen Paar befindet sich ein Vergleichsstück mit bekannten Eigenschaften, in das andere Paar wird das zu prüfende Teil eingeführt. Sind beide Teile gleich, tritt an den Sekundärspulen keine Spannung auf, da sich die Sekundärspannungen aufheben. Unterscheidet sich die Probe von dem Vergleichsstück, tritt eine Differenzspannung auf, die in geeigneter Weise auf dem Leuchtschirm einer Kathodenstrahlröhre abgebildet wird. Nach diesem Prinzip arbeitet beispielsweise das bekannte Magnatest-Q-Gerät, das zur Sortierung von Teilen aus Stahl nach chemischer Zusammensetzung, Wärmebehandlungszustand, Härte usw. benutzt wird (Bild 146).

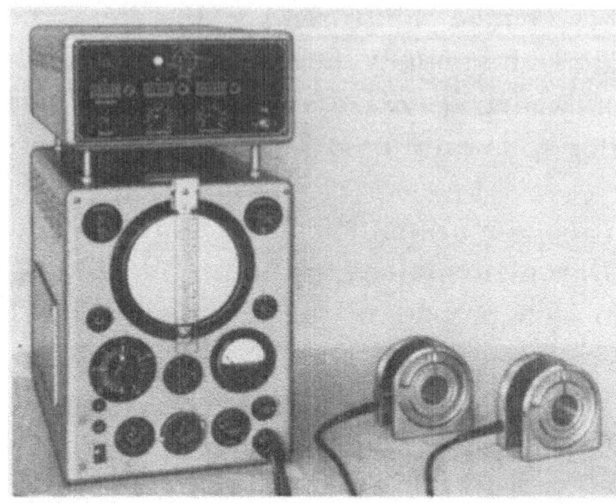

Bild 146. Magnatest-Q-Gerät mit aufgesetzter Sortiereinrichtung (Förster)

3.2.2. Koerzitivkraft-Verfahren. Bei ferromagnetischen Werkstoffen hängt die Koerzitivkraft stark von der Gefügeausbildung ab. — Wird eine Probe in einer Spule bis zur Sättigung magnetisiert, so verbleibt nach Fortnahme des Sättigungsfeldes in der Probe eine gewisse Restmagnetisierung (Remanenz), die unter bestimmten Bedingungen gesetzmäßig mit der Koerzitivkraft zusammenhängt. Damit ist es möglich, über das verhältnismäßig leicht zu messende Restfeld indirekt die Koerzitivkraft zu bestimmen. Kleine Teile werden in der angegebenen Weise ganz magnetisiert, bei großen Teilen wird mit Hilfe eines Dauermagneten nur ein Punktpol erzeugt. Das Restfeld wird durch Hindurchführen der Teile durch Induktionsspulen oder mit Sonden ausgemessen.

3.3. Ermittlung von Fehlerstellen

3.3.1. Eindringverfahren. Feine Risse können durch ein häufig angewendetes Mittel gefunden werden. Das zu prüfende Werkstück wird in dünnflüssigem Öl gekocht, getrocknet und gesandstrahlt. Nach dem Ölbad wird das Stück zunächst kurzzeitig in Petroleum und dann rasch in Brennspiritus getaucht, wodurch die Oberfläche vollkommen gereinigt wird; dann wird das Stück mit einem Gemisch von Schlämmkreide und Spiritus überzogen und an der Luft getrocknet. Durch das aus den Rissen heraustretende Öl wird die Schlämmkreide braun gefärbt, wodurch die Risse erkennbar werden. Anstelle von Öl kann man spezielle Farblösungen verwenden, in die das zu prüfende Teil eingetaucht wird. Diese Lösungen besitzen ein sehr hohes Eindringvermögen, so daß auch feinste Risse noch angezeigt werden. Eine weitere Methode besteht darin, daß man fluoreszierende Substanzen in die Prüfflüssigkeit bringt. Bei Be-

90

trachten des Teils unter ultraviolettem Licht kann man Oberflächen-
fehler deutlich erkennen.

3.3.2. Elektromagnetische Induktionsverfahren. Wie bei den Verfahren in Abschnitt 3.2.1. erwähnt, ändert sich der Scheinwiderstand
der Prüfspule auch dann, wenn die Probe Risse, Lunker, Poren oder
andere Fehlerstellen enthält, so daß das Wirbelstromprinzip auch für
die zerstörungsfreie Fehlerermittlung angewendet werden kann. Sowohl Tastspulen- als auch Durchlaufspulenverfahren (Bild 142 und 143)
sind üblich. Die Tastspulenverfahren eignen sich mehr für eine genaue
Lokalisierung und eine quantitative Bestimmung der Fehler, während
die Durchlaufspulenverfahren eine sehr schnelle Prüfung gestatten und
leichter zu automatisieren sind. Mit dem Rotierkopf-Verfahren (Giro-
test von Förster), bei dem eine Tastspule mit hoher Geschwindigkeit
die axial weiterbewegte Probe umkreist, lassen sich jedoch Stangen,
Rohre und ähnliche Teile ebenfalls verhältnismäßig schnell und automatisch prüfen. Auf dem Schirm der Kathodenstrahlröhre kann man
bei diesem Verfahren nicht nur die Größe des Fehlers, sondern auch
seine genaue Lage feststellen.

3.3.3. Streuflußverfahren. Wird ein magnetischer Fluß durch einen
ferromagnetischen Körper geleitet, so wird durch an oder dicht unter
der Oberfläche liegende Ungleichmäßigkeiten, wie Gasblasen und Risse,
ein Streufluß erzeugt. Er ist um so größer, je näher die Fehlerstelle an
der Oberfläche liegt und je stärker der Querschnitt magnetisch gesättigt
ist. Dabei ist von Wichtigkeit, daß bei Rissen die Magnetisierungs-
richtung senkrecht zu diesen Rissen verläuft, da *in* Magnetisierungs-
richtung liegende Risse keinen merklichen Streufluß verursachen.

Es gibt verschiedene Möglichkeiten, die Streufelder sichtbar zu
machen. Das bekannteste Verfahren ist das *Magnetpulververfahren*
(DIN 54121. Begriffsbestimmungen und Prüfzeichen). Bringt man
Eisenfeilspäne oder Fe_3O_4-Pulver auf den Probekörper, werden sich die
kleinen Partikel infolge des erhöhten Streuflusses an den Fehlerstellen
ansammeln. Damit sie das können, müssen sie eine gewisse Beweglich-
keit haben. Diese wird durch Aufschlämmen des Pulvers in Flüssig-
keiten wie Öl, Petroleum, Leichtbenzin u. a. erreicht. Zur besseren Fehlererkennbarkeit gibt man dem Pulver häufig ein fluoreszierendes Mittel
hinzu, das beim Betrachten des Teils unter ultraviolettem Licht hell
aufleuchtet. In Form der Aufschlämmung kann das Pulver leicht an
die Störstellen gelangen und bleibt dort fest haften (Ferroskop-Verfah-
ren). Da, wie erwähnt, Risse, die in Richtung des magnetischen Flusses
verlaufen, nicht angezeigt werden, müßte jede Probe in drei zueinander
senkrechten Richtungen magnetisiert werden, damit alle Risse gefunden
werden. Um nun auch Risse, die parallel zum magnetischen Kraftlinien-
fluß liegen, auf einfache Art sichtbar zu machen, schickt man durch das
zu prüfende Werkstück einen starken elektrischen Wechselstrom (etwa
200 A bis 1500 A). Dieser Strom baut senkrecht zu seiner Richtung ein

geschlossenes Magnetfeld auf, zu dessen Richtung die Längsrisse quer liegen und sich gut nachweisen lassen (Ferroflux-Verfahren).

Eine Vereinigung beider Verfahren hat sich als sehr günstig erwiesen, weil die beiden magnetischen Felder, wenn Strom und magnetischer Fluß in der gleichen Richtung fließen, aufeinander rechtwinklig stehen, wodurch z. B. auf Wellen alle Risse sofort gefunden werden. Bild 147

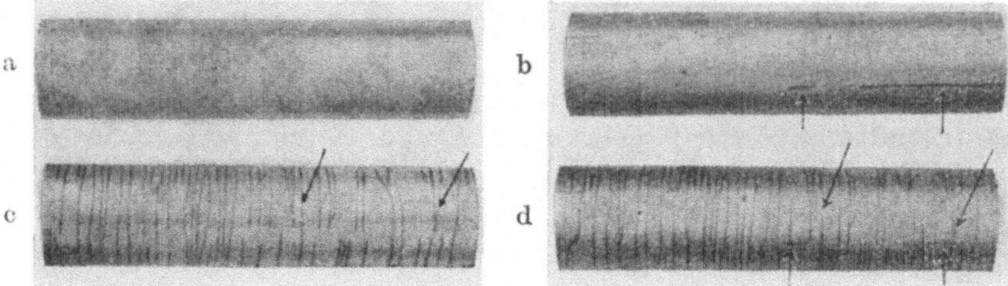

Bild 147. Kolbenbolzen. a) Vor der Prüfung. Mit bloßem Auge sind keine Risse wahrnehmbar. b) Längsrisse nach Stromdurchfluß. c) Querrisse nach magnetischem Durchfluß. d) Längs- und Querrisse nach Behandlung mit dem vereinigten Verfahren

zeigt das Ergebnis einer solchen Untersuchung. Ansicht und Schaltschema eines kombinierten Ferroskop-Ferroflux-Gerätes sind in den Bildern 148 und 149 dargestellt.

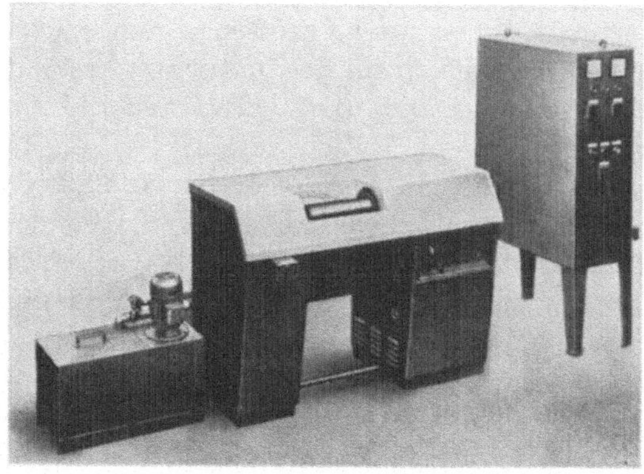

Bild 148. Ferroskop-Ferroflux-Gerät, vereinigtes Verfahren (Fa. Deutsch)

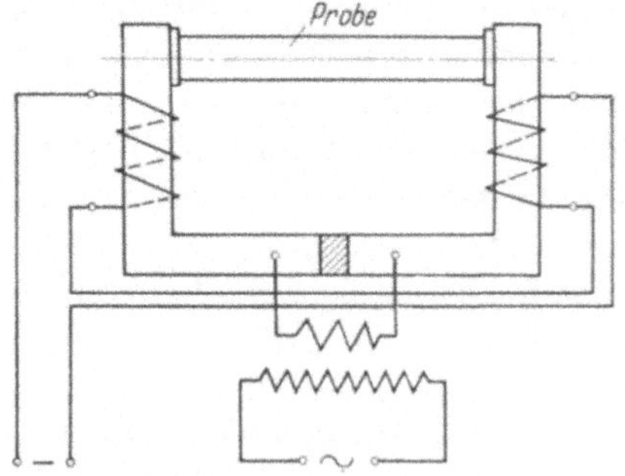

Bild 149. Schaltschema zu Bild 148

Neben ortsfesten Geräten sind auch kleine, tragbare Risseprüfer entwickelt worden, die besonders zum Prüfen von Blechen und Schweißnähten dienen. Daneben gibt es noch zahlreiche Sonderausführungen, z. B. für die Nietlochprüfung oder die Prüfung von Hohlkörpern.

Ein neueres Verfahren ist das *Wirbeltopfverfahren*. Hierbei befindet sich trockenes fluoreszierendes Magnetpulver in einem Gefäß, dessen Boden aus Filz oder einer besonderen porösen Masse besteht. Durch diesen Boden wird Luft hindurchgepreßt, wodurch das Pulver aufgewirbelt wird und sich in diesem Zustand ähnlich wie eine Flüssigkeit verhält. Die zu prüfenden Teile werden durch einen Stromstoß dauermagnetisiert und dann zum Sichtbarmachen der Fehler in die „Flüssigkeit" getaucht.

Eine weitere Möglichkeit, Streuflüsse nachzuweisen, besteht darin, das betreffende Teil durch einen Stromstoß zu magnetisieren und die Oberfläche mit Induktionsspulen oder magnetischen Sonden abzutasten. Diese Verfahren werden besonders zur automatischen Prüfung von Stangen, Rohren und ähnlichen Teilen angewendet.

Die genannten Verfahren sind besonders zum Prüfen gehärteter und geschliffener Teile auf Risse, Lunker und nichtmetallische Einschlüsse (z. B. Schlackenzeilen) geeignet und dadurch zum Überwachen lebenswichtiger Maschinenteile unerläßlich geworden. Sie haben aber den Nachteil, daß nur Fehler angezeigt werden, die unmittelbar an der Oberfläche oder dicht darunter liegen. Außerdem sind nach der Prüfung alle Werkstücke magnetisch, was zu Schwierigkeiten bei der Montage oder bei der späteren Verwendung führen kann. Die Teile müssen deshalb nach der Prüfung in besonderen Vorrichtungen entmagnetisiert werden.

3.3.4. Ultraschallprüfung (DIN 54119 Vornorm. Ultraschallprüfung: Begriffe). Als Ultraschall bezeichnet man mechanische Schwingungen mit einer Frequenz jenseits der Hörgrenze (ab etwa 20000 Hz). Erzeugt wird Ultraschall für Prüfzwecke hauptsächlich durch einen elektrisch in Schwingung versetzten Piëzoquarz (Quarzkristall), dessen Schwingungen man in das zu prüfende Werkstück einleitet. Da dünnste Luftschichten für Ultraschallwellen schon ein unüberwindbares Hindernis bilden, ist für eine gute Ankopplung an das Werkstück zu sorgen. Als Kopplungsmedien werden Wasser, Öl oder besondere Pasten verwendet.

Die gebräuchlichsten Ultraschall-Prüfverfahren lassen sich in zwei große Gruppen einteilen: Durchschallungsverfahren und Echoverfahren.

a) Bei den *Durchschallungsverfahren* befindet sich der Schallsender auf der einen Seite des zu prüfenden Werkstückes, der Schallempfänger auf der entgegengesetzten Seite (Bild 150). Gemessen wird die Intensität

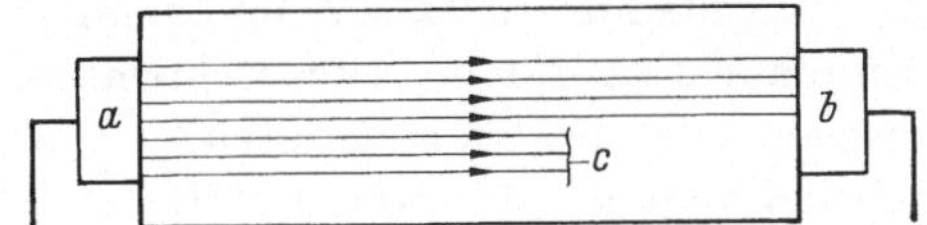

Bild 150. Durchschallungsverfahren. *a* Sender, *b* Empfänger, *c* Fehlerstelle

des ankommenden „Schallstrahles". Grundsätzlich müssen bei diesen
Verfahren also beide Seiten des Werkstückes zugänglich sein.

Als Empfänger werden in der Regel ebenfalls Piëzoquarze verwendet;
es gibt aber auch die Möglichkeit, Ultraschallwellen mit Hilfe von Schall-
Linsen optisch nachzuweisen (Schallsichtgeräte), jedoch haben diese Verfahren in der Werkstoffprüfung bisher keine große Bedeutung erlangt.

Das Hauptanwendungsgebiet für die Durchschallungsverfahren ist die fort-
laufende Prüfung von Blechen und Bändern auf Risse und Dopplungen sowie von
Schweißungen und Plattierungen auf Bindungsfehler. Bei der Prüfung von Bändern läuft z. B. das zu prüfende Band in einem mit Wasser (Ankopplungsmedium)
gefüllten Trog zwischen Sender und Empfänger hindurch. Gerät eine gedoppelte
Stelle des Bandes zwischen Sender und Empfänger, gelangt nur noch ein Bruchteil der ausgesendeten Schallenergie zum Empfänger, was akustisch oder optisch in
geeigneter Weise angezeigt werden kann. Auf diese Weise können feinste Werk-
stofftrennungen aufgedeckt werden, da Luftspalte von 10^{-4} mm die Schallenergie
schon auf etwa die Hälfte herabsetzen.

b) Bei den *Echoverfahren* ist in der Regel der Schallsender zugleich
auch der Empfänger, es können also auch Bauteile geprüft werden, bei
denen nur eine Seite zugänglich ist. Gemessen wird die Laufzeit des
Schallstrahles (Bild 151). Man unterscheidet das Resonanzverfahren

Bild 151. Echoverfahren. a' Sender und Empfänger zugleich, c Fehlerstelle

und das Impuls-Echo-Verfahren, von denen praktisch nur das Impuls-
Echo-Verfahren für die Fehlerermittlung angewendet wird (DIN 54120
[Vornorm], Kontrollkörper 1 und seine Verwendung zur Justierung
und Kontrolle von Ultraschall-Impuls-Echo-Geräten).

Bei dem Impuls-Echo-Verfahren wird ein Schallimpuls von wenigen
Mikrosekunden Dauer in das Werkstück geschickt. Er wird an der
gegenüberliegenden Seite des Werkstückes reflektiert und gelangt in
den inzwischen auf Empfang umgeschalteten Sender zurück. Da die
Schallgeschwindigkeit in den Werkstoffen bekannt ist, kann man aus
der Laufzeit des Schalls jeweils die Werkstückdicke bestimmen. Die
Anzeige bei diesen Geräten erfolgt oszillographisch. Bei einwandfreien
Werkstücken erscheinen Anfangsimpuls und Rückwandecho als zwei
Zacken im Abstand entsprechend der Werkstückdicke auf dem Braun-
schen Rohr. Enthält das Werkstück im Innern einen Fehler, so wird ein
Teil der Schallenergie bereits hier reflektiert und gelangt vor dem Rückwandecho in den Empfänger. Auf dem Leuchtschirmbild zeigt sich dann
eine dritte Zacke zwischen den beiden genannten. – Die üblichen Schall-
frequenzen betragen bei diesem Verfahren 1 MHz bis 5 MHz (1 MHz =
1 Million Hz, 1 Hz = 1 volle Schwingung je s).

94

Von praktisch größerer Bedeutung als die „Normalprüfköpfe", die den Schall senkrecht in das zu prüfende Teil einleiten (Bild 150 und 151), sind die „Winkelprüfköpfe", die das Schallfeld schräg einstrahlen. Auf diese Weise können auch Werkstückbereiche geprüft werden, die für senkrechtes Beschallen unzugänglich sind. Die beim Schrägeinstrahlen entstehenden Transversalwellen, die zickzackförmig durch das Teil reflektiert werden, ermöglichen beispielsweise bei Schweißnähten eine genaue Ortung des Fehlers. Unter bestimmten Bedingungen ergeben sich bei der Schrägeinstrahlung „Plattenwellen", mit denen ein größerer Probenbereich gleichzeitig erfaßt werden kann, wodurch beispielsweise größere Bleche schnell und rationell geprüft werden können.

Als Vorteile können für die Ultraschallprüfung angeführt werden: das umfangreiche Prüfprogramm (Schweißnähte, Plattierungen, Gußstücke, Schmiedestücke, Lagerschalen usw.), die Möglichkeit, auch Teile mit sehr großen Wanddicken zu prüfen, die schnelle Durchführung der Prüfung und die Handlichkeit der Geräte.

Nachteilig ist die oft schwierige Deutung der aufgetretenen „Fehlerechos".

3.3.5. Prüfung mit Röntgen- und γ-Strahlen

DIN 54109 Bildgüte von Röntgen- und Gamma-Filmaufnahmen an metallischen Werkstoffen (Bl. 1 und 2)

DIN 54111 Richtlinien für die Prüfung von Schweißverbindungen metallischer Werkstoffe mit Röntgen- und Gammastrahlen

DIN 54112 Filme, Verstärkerfolien, Kassetten für Aufnahmen mit Röntgen- und Gammastrahlen

DIN 54113 Technische Röntgeneinrichtungen und -anlagen bis 300 kV, Strahlenschutzregeln für die Herstellung und Errichtung (Dieses Blatt wird neu bearbeitet)

DIN 54113 (Entwurf) Nichtmedizinische Röntgeneinrichtungen und -anlagen bis 400 kV

DIN 54115 Strahlenschutzregeln für die technische Anwendung von umschlossenen radioaktiven Stoffen.

a) *Röntgenstrahlen* durchdringen mehr oder weniger alle Werkstoffe und schwärzen je nach dem Widerstand auf ihrem Wege durch das zu prüfende Werkstück einen dahinter angeordneten photographischen Film entsprechend oder erzeugen auf einem Leuchtschirm das Schattenbild. Unregelmäßigkeiten, wie Lunker, Gasblasen und Risse, machen sich infolge ihrer geringeren Dichte durch stärkere Schwärzung des Films bemerkbar. Schlacken wirken verschieden, je nachdem ob sie dichter sind als der Grundwerkstoff oder durchlässiger. Risse, deren Flächen quer zur Strahlrichtung liegen, sind wegen ihrer geringen Dicke kaum erkennbar. Bild 152 zeigt als Beispiel die Röntgenaufnahme einer fehlerhaften Schweißnaht.

Der Leuchtschirm kann nur bei Stoffen mit geringer spezifischer Dichte (Leichtmetalle, Kunststoffe) oder bei geringen Dicken angewendet werden. Die Erkennbarkeit der Fehler ist kleiner als beim Film. Der Schirm kann aber bei den genannten Stoffen zur laufenden Kontrolle verwendet werden und hat den Vorzug der Einfachheit und Billigkeit.

Die Fehlererkennbarkeit kann durch eine nachträgliche elektrische Verstärkung des Bildes mit einem Röntgenbildverstärker wesentlich

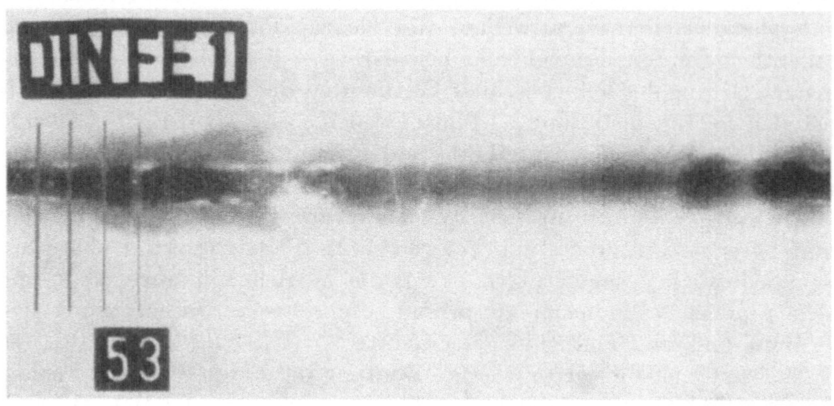

Bild 152. Ausschnitt aus der Röntgenaufnahme einer fehlerhaften Schweißnaht nach Vaupel (auf $^8/_{10}$ der natürlichen Größe verkleinert). Einige Drähte des nach DIN 54109 auf das Werkstück gelegten und mit durchstrahlten Drahtsteges bei DIN FE 1 sind sichtbar. Durch Vergleich mit den verschieden dicken Drähten kann man die Güte des Bildes und Einzelheiten darin leichter beurteilen. Die Schweißnaht ist fast überall dicker als das Blech und tritt infolgedessen hier, da es sich um ein Aufnahme-Positiv handelt, dunkler hervor. Man sieht an ihren Rändern Bindungsfehler (schmale Hohlräume), ferner Querrisse (Schrumpfrisse) und Schlackeneinschlüsse oder Blasen

verbessert werden, so daß selbst größere Materialdicken durchleuchtet werden können. Dabei kann das Bild über größere Entfernungen auf eine Fernsehröhre übertragen werden, so daß auf größere Strahlenschutzmaßnahmen verzichtet werden kann.

Zur Erzeugung eines scharfen Bildes ist ein möglichst großer Abstand des möglichst punktförmigen Brennflecks der Röhre erforderlich. Praktisch jedoch überschreitet man 35 bis 75 cm nicht, da die Intensität der Strahlen mit dem Quadrat der Entfernung abnimmt und die Belichtungszeiten entsprechend zunehmen. Bei Anwendung von Verstärkerfolien, die man auf beiden Seiten des doppelschichtigen Films anbringt, wird die Belichtungszeit erheblich verringert, die Fehlererkennbarkeit nimmt jedoch wieder ab, so daß die Vorteile der scharfzeichnenden Brennflecke bzw. großen Brennfleckabstände wieder verlorengehen.

Die Grenze der Durchdringungsfähigkeit ist abhängig von der Röhrenspannung: sie liegt bei der üblichen Röhrenspannung von 200 kV bei 50 mm für Kupfer, 80 mm für Stahl und etwa 400 mm für Leichtmetalle und keramische Stoffe. Durch Erhöhung der Röhrenspannung, also durch Erzeugung härterer Strahlen, lassen sich auch noch größere Dicken in annehmbaren Zeiten durchleuchten. Es sind aber nur noch gröbere Fehler feststellbar. Beim Durchgang der Röntgenstrahlen durch Materie entstehen nämlich auch Streustrahlen, die den Film gleichmäßig schwärzen. Die Streustrahlung nimmt mit der Härte der Strahlen und mit der Dicke der durchstrahlten Teile zu. Bei Anwendung von Streustrahlenblenden läßt sich ihr Einfluß herabsetzen, jedoch werden dadurch wieder die Belichtungszeiten verlängert.

Der apparative Aufwand ist bei der Prüfung mit Röntgenstrahlen erheblich (Bild 153); kleine Anlagen von 200 kV können jedoch so leicht gebaut werden, daß ein Satz von zwei Mann getragen werden kann.

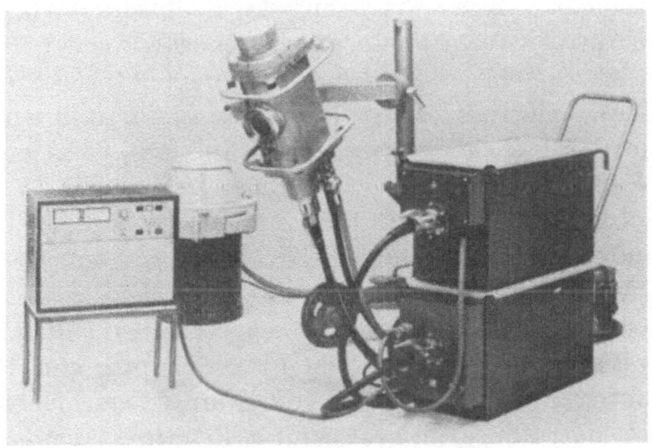

Bild 153. Röntgenanlage (Fa. Philips)

Wesentlich höhere Leistungen können durch Betatrone und Linearbeschleuniger erzielt werden. Diese Geräte liefern Strahlen, für die Röntgenröhren mit Spannungen von etwa 4000 bis 30000 kV erforderlich wären. Die Strahlenleistungen sind so hoch, daß selbst Stahlplatten von 300 mm Dicke noch wirtschaftlich durchstrahlt werden können.

b) *Gammastrahlen.* Die zerstörungsfreie Werkstoffprüfung mit γ-Strahlen hat seit Einführung der künstlich radioaktiven Stoffe erheblich an Bedeutung gewonnen. Von den mit den üblichen Röntgenröhren erzeugten Röntgenstrahlen unterscheiden sie sich nur durch ihre kleinere Wellenlänge und damit durch ihre größere Härte und Durchdringungsfähigkeit. Allerdings macht sich infolge der größeren Härte der Einfluß der Streustrahlung stärker bemerkbar, so daß bei dünnen Querschnitten die Fehlererkennbarkeit geringer ist.

Als Gammaquellen werden heute nur noch künstlich radioaktive Stoffe (Co 60, Cs 137, Ir 192) verwendet, die gegenüber natürlichen radioaktiven Elementen wesentlich billiger sind bei erheblich höherer Strahlungsintensität. Die Belichtungszeiten jedoch sind viel länger als bei Röntgenstrahlen, die man in größerer Energiedichte erzeugen kann. Die radioaktiven Präparate haben aber den Vorzug, daß sie an keine größere Apparatur gebunden sind, eine Wartung nicht erfordern und überall angebracht werden können. Ferner gestatten sie vor allem die Durchstrahlung größerer Werkstoffquerschnitte, z. B. Stahlguß mit 200 mm Wanddicke. Die Streustrahlungen können durch Schwermetallfilter abgehalten werden, so daß ihre bildverschleiernde Wirkung, die die Fehlererkennbarkeit herabsetzt, zum größten Teil aufgehoben wird.

Die Strahlenschutzbestimmungen sind bei der Verwendung von Gammastrahlen besonders zu beachten!

c) *Auswertung der Aufnahmen.* Bei der subjektiven Betrachtung und Auswertung eines Röntgennegatives hängt die Beurteilung der Schwärzungsunterschiede von der Erfahrung des Beobachters ab. Auch ist das menschliche Auge nicht imstande, alle Unterschiede genau zu bestimmen.

Diese Unsicherheiten lassen sich durch eine photoelektrische Messung der Filmschwärzung ausschalten. Mit einem Lichtstrahl wird das Strahlungsnegativ durchleuchtet; der Lichtstrahl fällt dann auf eine lichtelektrische Zelle, die ein Spiegelgalvanometer steuert, dessen Lichtstrahl auf eine photographische Platte fällt. Auf dieser wird so eine Kurve der Helligkeitsunterschiede erzeugt, die Rückschlüsse auf die Größe und genaue Begrenzung der Fehlerstellen zuläßt.

Das stereometrische Verfahren ist ein weiteres Hilfsmittel zur genaueren Bestimmung der räumlichen Ausdehnung von Fehlerstellen. Die Stereoaufnahmen werden entweder durch Verschieben des Werkstückes oder der Röntgenröhre hergestellt. Ihre Auswertung erfolgt durch subjektive Betrachtung oder mit einem Stereomeßgerät, das eine zeichnerische Auswertung der Aufnahmen gestattet.

Das Zählrohrverfahren. Neben Film und Leuchtschirm wird das Zählrohr bei der zerstörungsfreien Werkstückprüfung zum Nachweis der Durchstrahlung verwendet. Da es eine höhere Strahlenempfindlichkeit besitzt als der Film, ist eine Prüfung bei wesentlich größeren Wanddicken möglich. Außerdem wird die Strahlungsintensität quantitativ gemessen, so daß bei der Beurteilung menschliche Unzulänglichkeiten ausgeschaltet werden. Endlich erfordert eine Untersuchung mit dem Film viel Zeit und Material, so daß das Zählrohr auch in rein wirtschaftlicher Hinsicht in vielen Fällen Vorteile bietet.

3.3.6. Wärmeflußverfahren. Die thermischen Prüfverfahren beruhen auf dem Prinzip, daß ein in das Prüfstück hineingeschickter Wärmestrom durch Materialfehler gestört wird. Fließt die Wärme durch die Fehlerstelle schlechter als durch das umgebende einwandfreie Material (z. B. bei Lunkern), staut sich die Wärme hier und bewirkt dadurch eine gegenüber der Umgebung erhöhte Oberflächentemperatur. Hinter der Fehlerstelle fällt entsprechend die Temperatur ab. Für den Fall, daß im Fehler die Wärme besser weitergeleitet wird als im umgebenden Werkstoff, liegen die Verhältnisse umgekehrt.

Durch Sichtbarmachen der Temperaturunterschiede an der Oberfläche kann man die Fehlerstellen im Prüfstück lokalisieren. Diese Indikationsverfahren müssen sehr empfindlich sein, da die Temperaturdifferenzen im allgemeinen sehr klein sind und das Temperaturprofil sich sehr schnell verändern kann.

Eine Methode des Sichtbarmachens ist das schnelle, zeilenförmige — berührungslose — Abtasten der Oberfläche mit Hilfe einer Infrarot-Kamera. Die von der Oberfläche emittierte Wärmestrahlung wird dabei

auf einem Leuchtschirm als ein in verschiedenen Grautönen gestuftes
Wärmebild abgebildet. Mit diesem Verfahren können Temperaturdifferenzen bis herunter zu etwa 0,2° (im Bereich Raumtemperatur)
sichtbar gemacht werden. Nachteilig ist der relativ hohe apparative
Aufwand. Hinzu kommt, daß das Ergebnis durch Fremdeinstrahlung
leicht verfälscht werden kann.

Eine einfachere Methode ist die Verwendung von sogenannten flüssigen Kristallen als Temperaturindikatoren. Hierbei handelt es sich um
Substanzen, die in bestimmten Temperaturbereichen Zwischenphasen
zwischen dem festen und dem flüssigen Zustand bilden. In diesem
Zwischenzustand ändern sich die optischen Eigenschaften oft innerhalb
eines sehr kleinen Temperaturintervalls, und zwar in der Weise, daß aus
dem auffallenden weißen Licht — je nach Temperatur — verschiedene
farbige Anteile reflektiert werden, d. h. sie reagieren auf Temperatur-
änderungen mit Farbänderungen. Das Temperaturauflösungsvermögen
ist dem der Infrarotgeräte durchaus vergleichbar, die Ansprechzeit
liegt unterhalb 1 Sekunde.

Die Handhabung der Wärmeflußverfahren ist nicht ganz einfach;
insbesondere erfordert die richtige Erwärmung der Proben viel Erfahrung. Das Einsatzgebiet beschränkt sich vorwiegend auf die Prüfung
von Blechverklebungen. Bei kompakteren metallischen Bauteilen ist
die Fehlererkennbarkeit schlecht.

Die Entwicklung der Methoden ist noch nicht abgeschlossen.

3.3.7. Schallemissionsanalyse. Das Prinzip der Fehlerermittlung mit
Hilfe der sogenannten Schallemissionsanalyse beruht auf der Tatsache,
daß in einem Metall beim Überschreiten des elastischen Bereichs oder
beim Auftreten (und Weiterwachsen) von Rissen Schallimpulse mit
Frequenzen bis zu mehreren Megahertz auftreten. Diese Impulse werden
mit empfindlichen piezoelektrischen Aufnehmern erfaßt und auf einem
Oszillographen sichtbar gemacht bzw. mit einem Schreiber registriert.

Mit dieser Methode kann man beispielsweise unmittelbar während
eines Schweißvorganges das Auftreten von Rissen feststellen und entsprechende Maßnahmen ergreifen. Außerdem ist sie geeignet, Bauteile
im Einsatz zu überwachen und bereits das Auftreten geringster Schäden
unmittelbar anzuzeigen (z. B. bei Druckkesseln).

Da sich die Schallwellen vom Ursprung aus nach allen Seiten hin
gleichförmig im Bauteil ausbreiten, besteht die Möglichkeit, bei Verwendung mehrerer Aufnehmer die Fehlerstelle über eine Messung der
Laufzeitunterschiede zu lokalisieren.

Die Entwicklung des Verfahrens ist noch im Fluß.

3.3.8. Holographische Interferometrie. Bei diesem Verfahren geht man
davon aus, daß Fehlerstellen im Innern eines Bauteils bei geeigneter
Verformung zu einer unterschiedlichen Deformation der Oberfläche
führen. Diese sehr kleinen inhomogenen Deformationen werden mit Hilfe
der Holographie sichtbar gemacht.

Das Prinzip der Holographie ist kurz folgendes: Ein Körper wird mit
Laserlicht (Objektstrahl) bestrahlt, das an der unregelmäßigen Ober-
fläche diffus reflektiert wird. Dieses diffuse Licht wird auf einer Photo-
platte mit einem vorher aus dem Laserstrahl ausgespiegelten Teilstrahl
(Referenzstrahl) überlagert. Da das Laserlicht in hohem Maße inter-
ferenzfähig ist, erhält man auf der Platte ein Interferenzfeld (Hologramm).
Beleuchtet man die entwickelte Platte nachträglich lediglich mit dem
Referenzstrahl, so wird das Licht so abgebeugt, daß ein Beobachter
durch das Hologramm hindurch ein räumliches Bild des Körpers erhält.
Belichtet man die photographische Platte zweimal, wobei man zwischen
den beiden Belichtungen den Körper elastisch deformiert, so überlagern

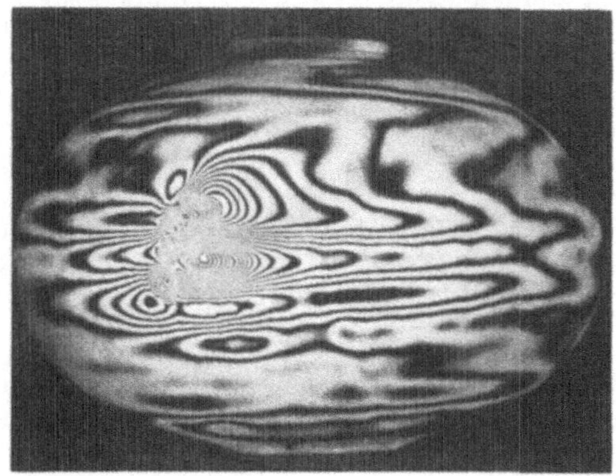

Bild 154. Fehlerhafter Druckbehälter (nach K. Grünewald) (Holographische Interferometrie)

Bild 155. Holographische Interferenzkamera mit sichtbar gemachtem Strahlengang
(Labor für kohärente Optik, Amerang)

sich die Interferenzfelder der beiden Teilbelichtungen derartig, daß man bei der Wiedergabe dieses Doppelbelichtungs-Hologramms ein räumliches Bild des Körpers mit makroskopischen Interferenzlinien — entsprechend der Deformation der Oberfläche — erhält.

In der beschriebenen Weise geht man bei der Fehlerermittlung vor. Die Deformation zwischen den Teilbelichtungen wird je nach Bauteil durch Biegung, Innendruck (bei Hohlkörpern), Erwärmung o. a. aufgebracht. Hierfür ist jeweils eine geeignete Vorrichtung zu bauen. Da die Wellenlänge des Laserlichtes extrem klein ist, lassen sich schon Oberflächenveränderungen in der Größenordnung von Zehntel μm erkennen, d. h. die Verformungskräfte können im allgemeinen klein gehalten werden. Ein Beispiel zeigt Bild 154. Es handelt sich um einen Behälter, der durch Innendruck geringfügig verformt wurde. Wie aus dem Interferenzbild deutlich zu erkennen ist, enthält die Wandlung links von der Mittellinie eine Fehlerstelle.

Obwohl das Verfahren noch relativ jung ist, sind bereits komplette Anlagen auf dem Markt (Bild 155).

Literatur

DIN-Taschenbuch 19: Materialprüfnormen für metallische Werkstoffe. 5. Aufl. Berlin, Köln, Frankfurt: Beuth-Vertrieb 1970.

Glocker, R.: Materialprüfung mit Röntgenstrahlen unter besonderer Berücksichtigung der Röntgenmetallkunde. 5. Aufl. Berlin, Heidelberg, New York: Springer 1971.

Kauczor, E.: Angewandte Metallographie. 4. Aufl., Werkstattbücher Heft 64. Berlin, Göttingen, Heidelberg: Springer 1962.

Kauczor, E.: Metall unter dem Mikroskop. 4. Aufl., Fertigung und Betrieb Bd. 3. Berlin, Heidelberg, New York: Springer 1974.

Krautkrämer, J., Krautkrämer, H.: Werkstoffprüfung mit Ultraschall. 2. Aufl. Berlin, Heidelberg, New York: Springer 1966.

Lehmann, H.: Werkstoffprüfung, Bd. 1 (Metalle). 6. Aufl. München, Wien: Oldenbourg 1968.

Müller, E. A. W.: Handbuch der zerstörungsfreien Materialprüfung (Loseblattwerk). München, Wien: Oldenbourg 1959—71.

Opitz/Dude: Allgemeine Werkstoffprüfung für Ingenieurschulen. 6. Aufl. Leipzig: Fachbuch-Verlag 1972.

Schumann, H.: Metallographie. 7. Aufl. Leipzig: Deutscher Verlag für Grundstoffindustrie 1969.

Handbuch der Werkstoffprüfung. Hrsg. E. Siebel. Bd. 1: Prüf- und Meßeinrichtungen. 2. Aufl. 1958. Bd. 2: Die Prüfung der metallischen Werkstoffe. 2. Aufl. 1955 (Neudruck 1959). Berlin, Göttingen, Heidelberg: Springer.

Studemann, H.: Werkstoffprüfung und Fehlerkontrolle in der Metallindustrie. 2. Aufl. München: Hanser 1971.

Vaupel, O.: Bild-Atlas für die zerstörungsfreie Materialprüfung. 2 Bde. Berlin: Ges. z. Förderung zerstörungsfreier Prüfverfahren 1955.

Werkstoffprüfung von Metallen. 2 Bände. Deutscher Verlag der Grundstoffindustrie 1968/69.

Z. Materialprüfung. Hrsg. Dt. Verb. f. Materialprüfung (DVM). Düsseldorf: VDI-Verlag.

Sachverzeichnis